“文化旅游：绍兴故事新编”丛书

绍兴名水

朱文斌　何俊杰 主编

余晓栋　丁晓洋　张书娟 副主编

浙江工商大学出版社
ZHEJIANG GONGSHANG UNIVERSITY PRESS
·杭州·

图书在版编目（CIP）数据

绍兴名水 / 朱文斌，何俊杰主编. — 杭州：浙江工商大学出版社，2023.3
（“文化旅游：绍兴故事新编”丛书；8）
ISBN 978-7-5178-4814-1

Ⅰ.①绍… Ⅱ.①朱… ②何… Ⅲ.①水—介绍—绍兴 Ⅳ.①K928.4

中国版本图书馆CIP数据核字（2022）第006267号

绍兴名水
SHAOXING MING SHUI
朱文斌 何俊杰 主编

出 品 人 郑英龙
策划编辑 任晓燕
责任编辑 唐 红
责任校对 沈黎鹏
封面设计 屈 皓 马圣燕
责任印制 包建辉
出版发行 浙江工商大学出版社
（杭州市教工路198号 邮政编码310012）
（E-mail：zjgsupress@163.com）
（网址：http：//www.zjgsupress.com）
电话：0571-88904980，88831806（传真）
排 版 杭州彩地电脑图文有限公司
印 刷 杭州宏雅印刷有限公司
开 本 880 mm × 1230 mm 1/32
印 张 44
字 数 460千
版 印 次 2023年3月第1版 2023年3月第1次印刷
书 号 ISBN 978-7-5178-4814-1
定 价 228.00元（全9册）

“文化旅游：绍兴故事新编”丛书编委会

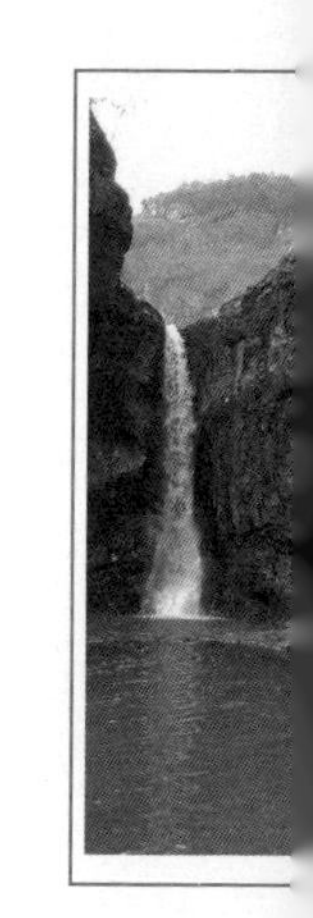

序言

文旅融合、重塑城市文化体系，核心是激活、转化、创新文化资源与文旅产业，形成色彩斑斓、各具特色、生动活泼的文化旅游大格局，而讲好绍兴故事、传播好绍兴声音必然意义非凡。

由浙江越秀外国语学院、浙江传媒学院组织编纂的这套“文化旅游：绍兴故事新编”，是面向广大青少年和游客的系列普及丛书。书中通过民间故事、历史逸事、神话传说等角度取材编写，系统地向大家介绍了与绍兴有关的越中名人、历史文化、名川大山、江河湖泊、千年古桥、黄酒、越茶名寺、古镇古村、名楼名阁等九大方面故事，从多种维度书写了绍兴城市独特的历史芳华，浓缩了古越大地的千年文脉意象，使之成了为广大青少年和来绍兴的游客解码绍兴城市历史文脉的一把钥匙和引领他们漫溯古越文化的一艘时光乌篷。

丛书中的故事通俗易懂、情节跌宕起伏、语言优美生动，既有历史的维度，又有文化的内涵，每个专题在用多个故事还原绍兴历史文化的同时，对绍兴大地的风物、地

貌、人文、历史等方面都进行了故事性的直观描述和清晰解读。在这本书里，绍兴已不仅仅是一个停留在人们头脑里的地域性存在和耳朵中听闻的故事叙述的空间，而是变成了一个向广大青少年和游客诠释、展示和输送绍兴整座城市精神、气质、品格的重要平台。我想，这部丛书的出版对于广大青少年和游客应该可以产生三个层面的积极影响：

一是使广大年轻人更加了解绍兴故事和感知绍兴文化。丛书中大量吸引人、感染人的故事情节和故事事实，可以使年轻人更加了解素称“文物之邦、鱼米之乡”的绍兴是“山有金木鸟兽之殷，水有鱼盐珠蚌之饶，物有种养工贸之丰，城有山水人文之绝”的；同时使年轻人更加深刻地感知到灵光四射的越中历史文化，体悟到延绵不绝的绍兴人文思想，并让这种深厚的历史文化与风土人情形成持续的吸引力与影响力，熏陶、浸润和教化一批又一批的年轻人。

二是使广大年轻人更加热爱绍兴故事和敬仰绍兴文化。

让广大年轻人在了解绍兴故事和感知绍兴文化的基础上，更加充分地了解到，在绍兴这片古老的大地上，一万年前就有于越先民繁衍生息，中华民族的人文始祖在这里开天辟地，灿若星辰的先贤名士在这里挥洒才情；感知到，从越国都城到秦汉名郡，从魏晋风流到隋唐诗路，从南宋驻跸到明清士都，从民国峻骨到新中国名城，绍兴先民在古越大地演绎了荡气回肠的侠骨柔情和续写了延绵不断的千年文脉，使年轻人发自肺腑地生出热爱绍兴故事的人文情怀和敬仰绍兴文脉的文化凝聚力。

三是使广大年轻人积极传播绍兴故事和弘扬绍兴文化。当广大年轻人对绍兴故事和绍兴文化产生强烈的人文情怀和较强的文化敬仰之情时，他们就会自然而然地将绍兴文化中的人文精髓植入并内化到自己的生活、学习之中，并会自觉向更多的人讲述他们眼中的绍兴故事、文化特色和人文情怀，并能够积极地将那种跨越时空、超越国度、富有魅力并具有当代价值的绍兴文化精神自觉地传播和弘扬开来，从而在故事的讲述中延续绍兴传统历史文化的价值体系，使绍兴独特的历史文脉传承有序，长盛不衰。

实现上述三个层面的效果就是我们广大文旅工作者和教育工作者为广大青少年朋友讲好绍兴故事的应有之义和必然选择，我想这也应是浙江越秀外国语学院组织编纂“文化旅游：绍兴故事新编”这套丛书的题中真意和初衷本意了。

讲好绍兴故事，首先要让年轻朋友们融入绍兴情景并产生感动。就让我们在这套丛书的故事中陪同大家品读和感受绍兴的江南意涵与万年气象吧。

何俊杰

（中共绍兴市委宣传部副部长、市文化广电旅游局局长）

2019 年 11 月 24 日

目录

两不管府河

南朝年间，在绍兴城利济桥下有条小河，谓之府河，是我国为数不多同城而治的界河。府河自南门南渡桥流入，经舍子桥、大庆桥、大云桥、清道桥、水澄桥、

利济桥，折而向东，经小江桥、斜桥、探花桥、香桥，再转北向出昌安门，流入三江口。故同处一城，河东为会稽县，河西系山阴县。因此，世居小江桥北笔飞弄的蔡元培自称山阴人氏，而周恩来祖居和鲁迅故居则在会稽地界。

这府河之所以有名，是因为明代才子徐文长。徐渭，字文长，绍兴山阴（今浙江绍兴）人，是明代杰出的书画家、文学家。相传他才华横溢，十二岁便能落笔成章，也智慧过人，正义直率，有着文人特有的傲骨。在民间，他以玩世不恭、爱打抱不平闻名，而这府河的传说也和他一则打抱不平的故事有关。

相传明朝年间，有天早晨，过往的百姓正在狭小的利济桥上行走，突然听到有人惊恐的尖叫声："这里有具尸体！"这下过往群众纷纷停下行走的脚步，全都挤到利济桥下一探究竟。果然，这府河上竟真的飘来了一具尸体！这可把百姓们吓坏了，事态严重，过往的百姓赶紧报了官，希望两边的县令能尽快处理好死尸，但是不承想，由于这尸体是在界河之上，两个县的县令互相推诿，纷纷表示这府河不在自己管辖的范围之内，谁都不愿意来收拾这具尸体。

因为天气热，不出几天，这尸体就散发出阵阵恶臭，两岸百姓看在眼里，摇头感叹，叫苦不迭，却丝毫没有办法，只能绕着利济桥走，这给他们的生活造成了很大的不便。

这事不久就传到了徐文长那里，他感到十分愤懑与不平，爱打抱不平的他在想怎样才能为百姓解决这个麻烦，并给这两个互相推诿的县令一个教训。徐文长不愧是山阴有名的秀才，聪明的他很快便心生一计。

这天，徐文长来到了利济桥下，从宽大的衣袖里取出纸笔，寥寥几笔后，便把一个公告贴于桥旁，只见上面写着几个大字：出卖分界河。百姓们看到有人竟要卖河，都聚集起来看着他，不知道这人是什么来头。很快，人群中就有人认出了徐文长，他知道徐文长向来正直聪明，做事肯定有他的道理，就问他："徐先生，这公家的河，你怎么卖？"徐文长只是笑笑，待在一旁，并没有回答他，只等着别人来买河。不一会，这人还真来了。你猜来者是谁？只听见两边锣鼓阵阵，几个穿着衙差衣服的人疏散围观的人群，东边来的是那会稽县的县令，而西边来的，自然是那山阴县的县令了。

原来，两边的县令听说有人要卖界河，便都坐着轿子前来查看。县令摆出了当官的架势，对着群众喊道："你们是谁要卖河呀？这官府家的河，你怎能随便卖？"只见徐文长拨开人群，走了出来，对两个县令说："这河是我徐文长在卖。"这两个县令一看，原来这人是山阴秀才徐文长啊，便问他："徐先生，我们这是公家的河，你怎么能卖？"徐文长一听，笑道："公家的河？我听说前些日子这河里漂了个死尸，你们两边县令都说，这分界河不归你们管，既然你们都不管，那我就把它卖掉，怎么我现在要卖河了，你们却管起来了？这卖了河的钱我也不拿，我会把卖河的钱拿出来，把这人呀葬掉，给你们省事。"

群众听了徐文长的话，哈哈大笑，鼓起掌来。两边的县令听了涨红了脸，叫来手下的人，说道："你们怎么回事，赶紧地，把这尸体处理掉。"徐文长见状笑了笑，对老百姓说："这件事啊，我算给你们处理好了。”他转头又对两边的县令说：“以后你们可别山阴不管、会稽不收啊！”从此，绍兴民间就有了“山阴不管，会稽不收”这一名谚。

如今，府河上已是繁华的街道，与鲁迅故里景区相接，它有着古色古香的长廊、修葺一新的牌坊、外观整洁的店招，更显绍兴古城文化之美。它又被称为古玩市场，吸引着络绎不绝的游客。人们喜欢一边逛街游玩，一边欣赏“小桥流水人家”的景致，而这记录着徐文长智斗两县令古老故事的府河，也伴随着人们来来往往的脚步声，发出悦耳的流水声，这一路水波荡漾，波光粼粼，平静而美好。

贺循修运河

在杭州湾南岸，有一条“浙东运河”。其中，自萧山西兴至上虞曹娥江一段，以绍兴古城为界，以西史分为东、西两段。东段称“山阴故水道”，西段名“西兴运河”。

会稽郡自东汉郡守马臻兴筑运河、建造湖堤后，经过近200年的沧桑变迁，山会平原逐步形成，但因受潮汐侵害，影响垦殖。于是孙吴时期也大力兴筑，使平原得到了一定程度的开发，但仍有海水倒灌，使庄稼受到损害，农民的收成不保，生活水平也一直难以提高。

及晋，随着江南经济日趋繁荣，政治地位日益重要，运河的修建迫在眉睫。正在此时，贺循挺身而出，据清乾隆《绍兴府志》记载：“晋司徒贺循临郡，凿此（运河）以溉田，虽旱不涸，至今民饱其利。”

贺循，字彦先，西晋时期会稽山阴（今浙江绍兴）人，他的祖先世代为官，父亲因直谏为东吴末帝孙皓所杀。故贺循少时便被流放海隅，直到吴亡，才回会稽郡。或许是因年幼时奔波辛劳，又或许是经历了亲人离世的人间疾苦，他待人礼貌，为人谦逊，节操高尚，为世人所熟知，与纪瞻、闵鸿、顾荣、薛兼等齐名，并称“五俊”。

晋惠帝时，贺循任会稽内史，以宽惠为本，关心民众，勇于革新，其做官时，看着百姓因潮汐侵害庄稼不得收成，贺循痛心不已。他深知开凿运河会给百姓带来前所未有的丰收，也会带来不可估量的经济和政治价值，所以贺循立志，要替百姓解决这个难题。

其世居山阴，十分熟悉山阴的地理，但为了开凿运河，贺循仍亲力亲为，承星履草，辛勤劳动，日夜奔走，仔细考察地形。经过好几个日夜的深思苦索，他终于想到了解决的办法。

他了解到山会平原的水道多为南北流向，东西不得贯通。这是一个大问题，既影响了东西交通，又不利于两边进行经济往来和文化传播。贺循决定疏凿一条东西走向的水道，方便山会平原水路交通，以促进物流和经济发展。

考虑到修筑运河需要大量人力，贺循又在民间发动群众，因他本就受人民爱戴，又是事关百姓利益的好事，大家纷纷响应，人群开始壮大，修筑运河这个大工程也终于动工了。

经过很多日子的艰难劳动，他们突破重重困难，用数不尽的汗水，开凿了西起西陵，经萧山、钱清、柯桥到郡城的一条人工运河。但是这还没完，贺循又考虑到如果这条运河能和其他河道相连，就能互通有无，对农业发展有很多益处。于是，贺循又组织群众修治与这条东西向运河相连接的其他河道，在山会平原上形成了纵横交织的水网，使原来各平行河道能互相流通、调节水位，保证了农田灌溉的需要。

运河凿成之后，河堤筑成，史称北堤，堤之两岸，溉田万顷。至此，萧山、山阴、会稽三县北部之萧绍平原基本形成，保障了农业丰收。

修筑完的运河不仅改善了会稽郡的水环境，提高了鉴湖的水利功能，又给人以灌溉、舟楫、养殖、渔业之利，且对整个浙东具有交通、物流、军事之便。

后来，西兴运河又东连曹娥江，并越过曹娥江与上虞江、姚江、甬江等连通，直达宁波，史称浙东运河。浙东运河是横贯浙北的一条重要主干水道。到隋朝，在京杭运河开凿以后，浙东运河又与钱塘江、长江、淮河、黄河、海河相连通，经浙东运河可直上京津诸地，并可通达全国各地。

如今，我们再回看西兴运河的建设，也不得不赞叹贺循的智慧与功德，他提高了百姓们的生活水平，并且促进了当地的经济发展，又为后世带来了不可估量的价值。

西兴运河，没有黄河汹涌的波涛，也没有长江奔腾的激流，有的只是它特有的清新与秀丽，它跳动着时代的脉搏，勾勒出尘封的历史画卷。过往它带来的一切荣耀与繁华在历史的长河熠熠生辉，今天的盛世繁华，仍在念念不忘，继续它的传说。

宝镜蕴镜湖

鉴湖是古城绍兴的灵魂。鉴湖又名“镜湖”，风光秀丽，湖水清澈见底。此外，还有数不胜数的名胜古迹，吸引了各地的游客前来观光。

镜湖的水质清冽，碧波荡漾。东晋王羲之曾慕名而来，在镜湖游玩时不禁感叹：“山阴道上行，如在镜中游。”

据传，镜湖之水原先并没有那么清澈，镜湖边打鱼为生的渔民收成一直不太好。有一天，一位老渔夫和他的女儿外出打鱼，从早忙到晚，却一条鱼都没有收获。随着天色越来越暗，父女俩也没有办法。于是，老渔夫暗自咬牙，与女儿商量着再撒最后一次网，要是再没有收获，就回家去。最后一次撒网，两人暗暗祈祷。收网时，竟然拉不上来，老渔夫觉得这次碰上了大鱼。

周围的渔夫注意到了，赶紧来帮忙。在众人的努力下，网是收回来了，但是网里面哪有什么大鱼。只是一个像铜锣一样的东西，上面布满水草。众人将密集的水草拭去，才发现是一面铜镜。神奇的是，镜面光芒四射，黄昏的余晖也难以掩盖。毫无疑问，这是一件天来之物。

老渔夫凑上前想仔细看看，发现自己好像回到了十年前。他的女儿也上前，也惊奇地发现自己虽然模样没怎么变，但是更漂亮了。得到宝贝后，老渔夫将镜子包起来。他认为这是从湖里来的，打鱼的时候也带上它。在这面镜子的照射下，浑浊的湖水竟然一眼望得到底，这使得他们打鱼事半功倍。善良的父女俩招呼周围的渔民一起来捕鱼，大家一起满载而归。

可惜好景不长，当地的县令听闻有这样的宝物，心痒难耐，带人去抢，拦住了正要划船回家的老渔夫。在县令声色俱厉的训斥下，老渔夫颤巍巍地交出宝镜。县令见他如此上道，得意地上前，却突然被吓得倒退，脸色更是变幻莫测。周围人不解，离得最近的渔夫却知道，是镜子照出了县令肋骨下的一颗黑心呀。县令反应过来后，气得一棍砸下去。一阵金光后，县令被甩了出去，镜子也回到了湖里。瞬间，湖水变得清澈见底。村民们都被这一幕惊呆了。

伴随着这个故事还有一首民谣："鉴湖出宝镜，老爷现原形。外披大红袍，内藏黑良心。"久而久之，镜湖也成了贪官污吏的"照妖镜"。

春夏秋冬，随着季节的更替，镜湖之景也在变换。而在不同的诗人眼中，镜湖更是不尽相同。晚年定居此地的贺知章曾落笔"稽山罢雾郁嵯峨，镜水无风也自波"。而他的后代贺铸则感叹"厌厌别酒商歌送，萧萧凉叶秋声动"。不同的心境，不同的景色，而镜湖的魅力依旧。

神娃瓜渚湖

中国轻纺城东北有一湖，南阔北狭，形状像冬瓜，因此被称作瓜渚湖。瓜渚湖在古时候叫桥塘湾。

瓜渚湖的四周分布着四个公园，以东

南西北方位命名，分别为东岸公园、西岸公园、南岸公园、北岸公园。这四个公园景色优美，春夏秋冬各有风味，在经历了历史的变迁后依旧熠熠生辉。

有关瓜渚湖还有一个美丽又伤感的传说。那时的瓜渚湖叫瓜渚庄，生活着勤劳朴实的人民。其中，有一对年迈的夫妇，他们没有孩子。老太太有时候会感叹自己身边冷冷清清，没有人照顾。而老公公虽然嘴上不说，心里也是怀有遗憾。

有一天夜里，老太太在梦中得到仙女的指示。善良的仙女让他们明天一早到西瓜地里看看。第二天一早，夫妇俩就出门了，满怀期待地走到瓜地，发现一个大西瓜。两人吃力地把西瓜搬回家，拿出刀准备切开。这时，瓜裂开了，里面竟然有个小女娃。两人开心极了，给小娃娃取名瓜凤。

瓜凤一天天长大，集美貌和智慧于一身，待人温和有礼貌，善良又孝顺。她不忍心让年迈的父母继续操劳，于是主动帮忙去地里种瓜。瓜凤种出来的西瓜又大又甜，收成也好。她毫不吝啬把西瓜分给穷人，使他们在炎炎夏日也品尝到一丝清甜。庄子里的人们对瓜凤赞不绝口。

就像所有的故事中都有反派一样，贪婪的地主得知这件事情后，派人把夫妇俩抓起来，借此威胁瓜凤交出种瓜的秘诀。瓜凤救父救母心切，赶紧妥协，只求父母平安。然而还没等她赶到地主家中，老两口就因为受不了惊吓去世了。

这给了瓜凤致命一击。可怜的姑娘伤心欲绝，食不下咽，只是一直哭，先是号啕大哭，后来是无力地抽泣，哭得精疲力竭后随父母而去。她的眼泪灌溉了这片土地，形成了一条河流。后来，人们就把这里改名为瓜渚湖。

故事虽然凄美，但是瓜凤美好的品质流传了下来，瓜渚湖也在悠久的历史中慢慢发展起来。

瓜渚湖是大自然的馈赠，当地人利用这得天独厚的条件，注重生态建设和保护，大力发展旅游业。湖边景色很美，有许多不知名的水鸟。静静地停在那里，你可以细细感受“心外无物，闲看庭前花开花落；去留无意，漫随天外云卷云舒”，这是一个可以洗涤心灵的圣地，远离喧嚣，感受岁月静好。

龙角狭猔湖

绍兴狭猔湖，是绍兴最大的天然淡水湖，傍湖 20 余个村落，风景十分优美，到了傍晚，更是有“一道残阳铺水中，半江瑟瑟半江红”的绝美景色。

相传在很久以前，那块地方是千里沃野，周围住着三户人家，分别姓李、王、张，称为“三家村”，三家世代交好，情同手足，感情十分深厚。他们有一间共有的空房子用来堆放稻草，因为彼此非常信任，所以这间稻草房从不上锁。

张家有个儿子，名叫张思，他长大成人后，娶了个面容姣好的老婆，可惜张思老婆人虽美，内心却十分贪婪，总是喜欢贪点小便宜。

有一次，她私自拿了李家和王家的稻草用来烧火，被张思知道了，劝她：“我们三家世代交好，从不做伤三家和气的事，你现在拿了人家的稻草，让他们知道了，只怕会损害我们三家人的交情。”但是张思的老婆却不听他的，依旧我行我素，还哭闹起来，张思不敢多说，怕这事被宣扬出去，就由她去了。不料，他老婆变本加厉，甚至要拉着张思一起偷李家和王家的稻草去集市上卖。张思拗不过她，只能同意，在一天晚上偷偷摸摸进入空房子，和她一起偷了一船稻草，连夜赶去集市将稻草卖了。

偷了大量稻草的张思心有不安，他怕自己偷太多被李王两家人发现，便在晚上溜进稻草屋查看，但奇怪的事情发生了，那两家的稻草并没有减少，竟还堆得和原来一般高！张思丈二和尚摸不着头脑，把这件事告诉了老婆。张思的老婆听了，无比愤怒，咒骂李王两家人不要脸，偷了张家的稻草去填补他们的空缺。愤怒让原来就没有理智的她变得更加猖狂，于是这天夜里，他们又偷了一大船稻草上集市去卖。回来后，张思和他老婆又进去小屋查看，奇怪的是不管他们偷了多少稻草，稻草总是奇迹般地与原来一样多，真的没有减少。

张思的老婆激动地和张思说："这是老天都让我

们发财啊！"于是一天又一天，他们被金钱蒙蔽了双眼，每天只顾着偷稻草拿去卖。虽然张思心里的不安越来越强烈，但是看着钱包越来越满，便也不再多想，继续和老婆干着偷卖稻草赚钱的勾当。

这天，他们又去偷稻草，突然，"轰"的一声响，在原来堆稻草的地方，冒出了两根巨大的毛笋，只见那毛笋外表十分美观，像一个尖锥似的，裹着浅褐色的外衣，还散发着神秘的光芒。张思老婆看到了毛笋，喜上眉梢，特别开心地和张思说："我们把它挖出来卖了，这辈子就不愁啦，还偷什么破稻草，这一看就是好宝贝！"

她和张思两人连忙拿来锄头，一直往下挖，他们挖了很久很久，就是挖不到底。心急的老婆忍不住了，和张思说："我们直接把它砍断吧，这长度的毛笋已经够卖一个好价钱了。"张思点点头，只听他猛地一吸气，用力向那根巨大的毛笋挥起了锄头，“咔嚓”一声，他们终于把它砍断了。

正当他们兴奋地呐喊时，突然听到了一阵地动山摇的响声，脚底的大地都开始断裂，他们感觉到整个人正在下沉，眼前的一切开始模糊，脚底下突然裂开的岩石，还有眼前突然朝他们涌来的巨大水柱，呼啸的狂风，飞来的泥土和碎沙，一切都变得让人措手不及又难以抵抗。

原来那根本就不是什么毛笋，而是龙宫的四太子的龙角！他被人砍断了龙角，鲜血直流，疼痛难忍，勃然大怒。他一翻身，几千亩的田野就向下凹陷，紧接着，他的鼻孔里喷涌出十丈高的水柱，几千亩田野都无一幸免，瞬间变成大湖。

三家人被湖水围困，在水里挣扎着喊救命，四太子听到了呼救声，连忙用几片绿叶化作船，让虾兵蟹将救起了李家送到西山头，救起了王家送到潞家庄，救起了张思的爹娘和兄弟送到了七里江，只留下了这对贪婪的张思夫妇在水里。然后，四太子又召集了许多青黄色、有着不规则褐色斑纹，类似蝌蚪的鱼，一下子就把张思夫妇的尸体吃了个精光，这鱼就叫"狭猱"。

从此，这湖中的狭猱鱼越来越多，因这鱼肉质鲜美多汁，成为当地一大美食，这湖因此得名，被称作"狭猱湖"。

如今，位于绍兴市北部灵芝镇的狭猱湖，属镜湖水系的一部分，远远望去，狭猱湖水宛若一面明镜，水天一色，风平浪静。湖的中间贯穿了一条石板路，足足有三四千米长，有时你还能看到一叶扁舟荡漾在这明净的湖面上。船桨激起的微波，漾开一圈圈涟漪，湖面犹如一面起皱的缎子。那渔民动作娴熟地收网抖网，手起手落处，真有大大小小的鱼虾跌进船舱。鱼儿满舱、银鳞雀跃、湖水清清、白鹭展翅，湖岸上的芦苇舞动着袅娜的身姿，形成了别样的风景……

福地若耶溪

若耶溪，如今叫作“平水江”，发源于峨嵋山茅秧岭。相传若耶溪有七十二条支流，自平水而北，会三十六溪之水，流经龙舌，汇于禹陵，然后分为两股，一股流

入镜湖，一股入海，全长百里。

历史上大量的神话传说、名人轶事发生在这里。李白、孟浩然、王安石、苏轼、刘禹锡等著名诗人曾到此地游玩，也由此留下了许多优美的诗词歌赋。王籍的“艅艎何泛泛，空水共悠悠”更是将若耶溪动中有静的美景生动传神地表达出来了。

据说若耶溪是道教圣地，为七十二福地中第十七处。有一仙人曾到若耶溪历练，朝着对面的山射出一支箭。箭被反弹，机缘巧合下掉到溪中的一条船上。当时，郑弘正划着船，突然一支箭从天而降。看着金光闪闪的箭，郑弘好一会儿才反应过来。那时，他还没意识到这将是他的一段福缘。

箭的主人顺着感应前来寻找，看到郑弘，询问道：“年轻人，你有没有看到一支金箭呢？”郑弘老老实实地把刚刚捡到的箭递给他，举手投足间没有丝毫留恋。

那人见他态度诚恳，身姿挺拔，眉目间一派清朗，便对他心生好感，于是说：“你很诚实，我可以帮你完成一个愿望。”郑弘有灵性，知晓他来历不凡，当下也不含糊，直白道：“我希望若耶溪可以早上吹南风，傍晚吹北风，方便砍柴的时候来回运船。”那人听了郑弘的愿望，笑着点头同意了，然后飘然而去。

往后，溪上果然出现了这样的气候。人们把这股风命名为“郑公风”，也叫“樵风”，把这一段水路称为“樵风泾”。这些在《会稽记》和《夜航船》中均有记载。

这一风向的形成并非没有依据。东汉水利家马臻到会稽郡担任太守，当时正遇上山洪暴发，百姓的良田房屋被毁坏，民不聊生。他决心治理，反复勘测并充分利用水利知识，引导当地人民建成了防洪水库——回涌湖。水库的建成使“朝南风，暮北风”的气候更加突出，当地水运更为便利。

若耶溪蕴含了古越悠久的历史，吸聚了江南山水的灵气，更孕育了大量脍炙人口的诗篇。相传越国美女西施曾在若耶溪采莲。美人身姿窈窕，动作轻盈，嘴角的笑意竟比溪中的莲花还美上三分。也不知是若耶溪为美人平添了几分灵气，还是美人丰富了画卷。

鱼米三江闸

绍兴府下辖的山阴、会稽、萧山三个县，有钱塘江、曹娥江、钱清江三条江水，三江之水交汇处，叫作"三江口"。

江水汇入大海，每天大海潮汐时，海

水带着沙土涌进江内，久而久之，导致江两岸沙积如丘陵，严重地阻碍了水道。每年夏天久雨成涝，三江上游发洪水，当洪水涌到三江口时，遇到堆积如山的沙土，不能顺畅地进入大海，洪水就向两岸溢出，淹没良田、村庄。为尽快泄洪，官府只得要求挖开水塘堤坝。这样虽能暂时解决眼前的问题，但其他问题也随之而来，如果不能及时修复堤坝，到了用水季节，水塘里没有水，农作物就要遭受干旱。所以，每年秋冬时节就要重新修筑堤坝，老百姓苦不堪言。

汤绍恩上任后，在听取地方官民意见的会上得知，大家最关心也最头疼的是水患问题。他当即表态，为民父母官，应该“抗灾御患”，必须解决这个老大难问题。他组织相关人员查阅水利资料，带人勘查各条水道，个中艰辛，难以述说。

一天，汤绍恩等人来到三江口，见江岸的彩凤山与龙背山对峙，江边有石头延伸向江心，另一边也有石头突出，顿时眼睛一亮。

汤绍恩把地势图画下来，带回府衙，召集众人开会，非常肯定地说："两山对峙，这个地势表明山下一定有基石，正好在这里修建水闸。"他又带着众人来到现场，找来熟悉水性的人下江去勘探，果然发现江底"有石如甬道，横亘数十丈"，是一个天然修建水闸的好地方，大家都同意在此修建水闸。

这么大一个工程，不是说干就能干成的，资金必须得到保证。为筹钱筹款，汤绍恩费尽心机、绞尽脑汁。他到上级部门去筹钱，鞠躬作揖说好话，请求从国库里拨款。然而国库拨款远远不够，还得继续筹集。汤绍恩发动辖内的有钱人家解囊捐助，自己还带头捐献官俸。有些店铺作坊主响应知府大人号召而捐款，汤绍恩亲自手书匾额相赠，以表示褒奖和感谢。

经过努力，汤绍恩终于筹集到了资金。嘉靖十五年七月，工程开工了。

修建水闸首要的工程是截流，而截流需要大量石头。汤绍恩叫石工们在洋山上采集巨石运到江里，巨石之间用铁水浇灌凝结。又把装满碎石的笼子沉入水中，填补缝隙。一点一点地，终于截流了。

为早日建成水闸，汤绍恩发动辖内数万民夫进行大会战。当时没有现代化的机械设备，只能靠人力。为堵塞水道，辟出工作面，民夫在水中构筑围堰，艰辛自不用说，关键是很危险。

大海每天都要涨潮，潮水涌来，堰堤经常是才筑好就溃掉。如此反复，时间一长，大家都怨声载道，有的人甚至泄气地说不干了，还有人在背后风言风语说汤绍恩的坏话。

面对大家的怨谤，汤绍恩立志修水闸的决心没有丝毫动摇，他坚定地说：“你们现在埋怨我，没关系的。等今后水闸修好了，家家户户都得到实惠了，你们感谢我都来不及呢。”

汤绍恩为了修水闸，身先士卒，呕心沥血，不遗余力，甚至到了“乍闻树叶声，疑风雨骤至，即呕血”的地步。为此，他写了一篇给海神的文章，拿在手里，脱下衣服，躺在新筑的海堤上祈祷说：“如果大堤再次溃掉，我愿意与大堤一起归于大海。”

汤绍恩不成功便成仁的决心，感动了海神。很快，此前还波涛汹涌的大海，风平浪静了。民夫们赶紧动手，大家一鼓作气，终于把新闸建成了。

这些民间传说，未必是真的，但汤绍恩当时带领当地人修建三江闸的艰辛足以令我们难忘。

汤绍恩建闸

现在的绍兴风调雨顺，物阜民丰，无人不称赞其为风水宝地。其中固然有地理位置的先天因素，但更多是靠人民的作为。

萧山、绍兴平原地势平坦，沿海经常受潮汐侵扰，但好在江山代有才人出。东汉永和五年太守马臻修筑鉴湖，西晋时会稽内史贺循开凿浙东运河，在他们的努力下，百姓过上了一段“鱼米之乡”的好日子。

但到了南宋时期，鉴湖逐渐失去作用，萧绍平原旱、涝、潮灾加重。当时，会稽、山阴、萧山三县之水，均汇三江口入海。由于潮汐日至，拥沙堆积如丘。遇淫雨内潦，则内水被沙堆阻隔不能骤泄于外，致使良田淹没，水涝成灾。百姓生活困顿，山洪淹没了他们的家园，卷走了他们的家人，一时间，民不聊生。

这时候就需要一位有才能的人来拯救这方土地。嘉靖十四年，汤绍恩任绍兴知府。他兴学宫，广设社学；缓刑罚，恤贫弱；旌节孝，济灾荒。因此，他深得百姓爱戴。我们就来说说他是如何济灾荒的。

在汤绍恩到绍兴后的第二年，天地大旱，粮田颗粒无收，民间甚至出现易子而食的传言，此事传开之后，整个绍兴人心惶惶。汤绍恩感到自己愧对绍兴子民，下定决心仿效马臻建闸治水。心动不如行动，汤绍恩组织人员查阅有关资料，又亲自带领人员察看山川地势，了解河道流向，最终决定在彩凤山与龙背山之间倚峡建闸，主持三江闸工程。

为什么选择将闸建在这里呢？经汤绍恩亲自勘查，发现三江口是内河和外海交汇的关键所在。但这里潮大沙松，难以施工。他又向三江口以内深入察看，只见彩凤山一带石岸交错，于是便挖掘探查，发现地下有岩层，是很理想的天然闸基。汤绍恩掌握了可靠的地质资料后，决定在这里破土建闸。

历时 6 个月，一个有 28 孔、长 310 尺、闸身全部用块石垒成的大闸落成。建筑大闸的石料是从附近的洋山上采运来的。施工时出现一个问题，砌筑的时候，一层层的大石块如此笨重，怎么运装上去呢？汤绍恩听取了许多意见后终于找出了一条可行的办法，即砌石一层，封土一层。叠石越高，土堆也越高越阔。土堆是有斜坡的，这样，大石块就可以拖推上去了。后来铺设桥面也采用了同样的方法。实在是不得不感慨古代能工巧匠们的智慧啊。大闸建成后大部分的水涝灾害其实已经消除了，但是汤绍恩不放心，次年三月又在闸外加筑大堤，同时为分削水势，又主持在三江塘与三江闸之间相继兴建了平水泾溇、撞塘诸闸，同三江应宿闸相配合，形成外扼潮汐、内主泄蓄的三江水系。从此无干旱水溢之虞，改变了三县水利状态，对发展农业、渔业、养殖业、航运等起到了巨大的作用。

三江闸工程建成后，钱清江从此纳入山会平原的河湖系统，成为一条内河。钱清江以北的萧山平原诸内河也纳入该系统，形成了河湖密布、土地平整、灌溉方便、旱涝不虞的三江水系。自北宋末年鉴湖被废造成洪涝灾害以来，山阴、会稽的水利面貌得到了根本性的改变，昔日潮汐出没的沼泽平原，被改造成为如今富庶的鱼米之乡。

前人栽树后人乘凉，如今的绍兴人民享受着优越的生活，又怎么能忘记前人辛勤的付出呢？

毕功在了溪

王家井镇楂头村，在地头平展的定荡畈上。村旁有一座小山，山上没有草也没有树，全是黑黝黝的岩石。站在山岩上往南看，只见急急而来的浦阳江水，冲撞山脚分成了“人”字形的两路，一路宽宽地向东奔去，一路细细地向西流淌。

一天傍晚，浦阳江的江堤上走来一群人，领头的一位是个中年汉子，身材魁梧，腮帮长满胡子，双眉紧锁着。紧随他身后的也大多是青壮年，有的拿着竹竿，有的背着锄头，个个脚步沉重，脸上有一些倦意。不一会儿，他们走下江堤穿过田畈，爬上岩石山在石洞里安顿了下来。

见他们没精打采的模样，附近的好心村民为他们端来了饭菜。中年汉子却没有胃口，没动上一筷，双眼呆呆地望着洞外。此时，太阳还没全落山，红黄的云霞照映着大地，三里路外的那条浦阳江，一闪一闪泛着波光。对中年汉子来说，此时的水光如刺眼的闪电让他浑身不自在。洞里有些闷热，中年汉子便起身走到洞口，坐在石头上，手托着下巴看着远方的天际。看似没有情绪，眼神中却透露出执着。

掐指一算，自己接过父亲的班已有十三年，足迹踏遍了中原大地。按照舜帝的部署和治水的日程，眼前的浦阳江是最后一条了。想到当年新婚才四天的妻子，含着眼泪帮自己打理行李送自己踏上治水之路，中年汉子深感内疚。这些年来，自己一心治水，竟然三过家门而不入。

像大夫给人看病一样，江河也要根据实情对症治理，或堵截、或开导，才能疏通引流，变患为福。诸暨四面环山，地势南高北低，浦阳江如丝带穿行其间。一旦天雨，尤其是梅雨时节，一路路的山水像野兽咆哮入江。江水奔腾，常常冲毁堤坝，淹没田地和村庄，百姓只能一把眼泪去乞讨。

心里搁着事，总是难以入睡。清晨，中年汉子起了个大早，走出石洞，走下岩石山，在小路上慢慢踱着步。前面是一个村子，有好几户人家冒出了炊烟，开始了一天的生活。路边的田里种着菜，一个村姑提着篮子从村口走过来。夜里下了一场雨，村姑走到下坡路段，一不小心脚打了滑。眼看就要来一个屁股蹲，幸亏前面有棵小樟树，村姑身手敏捷，一把抱住了。人没摔着，双脚却在路面划出了一个“人”字。他看看划痕看看树，看看石山看看江，脑子突然灵光一现，脸上露出了舒心的笑容。

早饭落肚，中年汉子喊来了伯益、后樱和众助手，一边用树枝在地上画着，一边讲解着治水方案。原来，中年汉子决定江河改道，即从现在的江下村开始，将浦阳江逐渐往西移，直通石岩山，而后，开挖东西两条江道，东面主江道与原江道相连，排放江水到下游，西面小江道用来灌溉农田。这样一来，石岩山充当迎水墙，既可缓和水流冲力，保证沿途堤岸安全，又能引水种稻植桑麻。

千古磐石，千年江流。中年汉子如此一说，大伙儿心里顿时释然了。因为中年汉子治水手段天下闻名，所以各村长大手一挥，男女老幼纷纷拿起工具背起畚箕，走出家门来到工地上。中年汉子拿着准绳与规矩，亲自测定江道的位置，并带着助手逐一检查堤岸的宽度和高度。在他的带动下，人们积极性高涨，仅仅三个月工夫，就完成了改道任务。新旧江道接通的一刹那，十里长堤上的人们敲起盆唱起歌，发出海啸般的欢呼声。

至此，最后一条河治理完毕，中年汉子对大家说："我的治水生涯从此结束，这座小山就叫它'了山'吧。"中年汉子，就是历史上的著名治水英雄——大禹。

光复高低湖

明万历二十六年秋，刘光复考中了进士。时年冬天，他来到了诸暨任知事，因办事认真负责，没过多久就转任知县。诸暨是鱼米之乡，贯穿全境的浦阳江素有浙江“小黄河”之称，然而无人抓农田水利基本建设，以致全县不是旱就是涝，难有好收成，但皇粮国税却年年有增无减，加重了百姓的负担。

刘光复心系百姓，为了让老百姓吃饱肚子，过上平安生活，上任伊始，刘光复就带着随从，走村串乡深入调查，遍摸江湖位置、水情。其中，有两个湖引起了他的注意。一个在城东的江边，地势低洼，终年湖水荡漾，波光粼粼；另一个则在城西的山区，一遇旱天就见湖底，可以晒谷。当时，这两个湖都还没有被正式地命名。

刘光复喊来了石匠做了两块石碑，大笔一挥，在一高一低两块石碑上，分别写下了“高湖”“低湖”几个大字。令人意外的是，“高湖”碑被立在了江边，而“低湖”碑被立在了山上。看着高低错位的石碑，人们不由得笑了起来。但是转念一想，刘知县见多识广，读过的书多得要用车装，到诸暨后又天天穿蓑衣、戴笠帽，东奔西走，摸清了山水湖泊的底细，如此立碑肯定有他的道理。于是，人们就跟着喊，喊着喊着，这两个湖名就这么喊出来了。

第二年七八月间，浦阳江突发大水，城东城北一片汪洋。刘光复看在眼里，十分着急，连夜给朝廷上了奏章：天降暴雨，农田被淹，洪水肆虐，百姓遭难。恳求皇上明察，免去诸暨皇粮。接到奏章后，皇上派了一个瘦御史前来察看灾情。

瘦御史是第一次到诸暨，午后在刘光复的陪同下，乘坐木船来到高湖。眼前的情景，让瘦御史倒抽了一口冷气，只见巨蛇似的湖埂在大水中似隐似现。离湖不远的几栋房子，底层全进了水，人们不得不搬到楼上，撑着竹排进进出出。湖边那座高高的石碑，只露出小半个“湖”字。离开高湖后，木船又驶进了山下湖、白塔湖等湖畈，所到之处，无不是洪水滔天，百姓怨声不断。时近傍晚，刘光复用手指了指，对瘦御吏说："敝县还有一处低湖，大人既然来了，那里的灾情也去察看一下吧。"此时，瘦御史的肚子已经饿了，在大水中坐了半天船，转过来转过去，头也有些晕乎乎。再说，刚才看的高湖，水深都有七八尺，可想而知，低湖肯定是屋顶都到水底下了，这还用看？就摇着手连声说："罢了罢了，回到京城，我会如实向皇上禀报。"过了几天，洪水退去，百姓忙着洗苗护稻，夺回了一些损失。至于位于西南的山田高田，没受到多少影响，秋后获得了好收成。

本以为遭遇大水后能够风调雨顺，可老天偏喜欢与人作对。这不，没过一年，又遇上了大旱，天天红光猛日头。尽管多年来，刘光复为了治水，花了许多力气，但还是挡不住旱魔的脚步。眼看天气大旱，没有雨水，刘光复又给皇上呈了奏章：天晴地燥，溪河断流，田裂禾枯，百姓遭难，恳求皇上明察，免去诸暨皇粮。

于是皇上又派了一个御史前来查看灾情。这次是一个胖御史，只见他一边流汗打扇，一边看着湖畈名册。心想，这么热的天，走出去脚底板都要烧焦，高湖、山下湖、白塔湖等地方，肯定要走上坡路，还是去低湖看看吧，省力气点。就这样，胖御史坐着八人大轿往城西进发。到了地方，下了轿，迎面冲来一阵热浪，闷得胖御史差点背过气去。睁眼一看，一方旧旧的“低湖”碑立着，再往湖里一瞧，没一点儿水，裂缝大得可伸手掌，几条鲢鱼，已被晒成了鱼干。胖御史心想：低湖如此，其他湖更加不用说了。水稻要水，湖水却断滴，今年的稻田肯定是颗粒无收。刘光复还想邀请他去高湖，胖御史一头钻进轿里，摇头喘着粗气说道：“不用了！不用了！”几场秋雨下过，人们赶紧在田地上播种旱地作物，并精心护理。高湖周围的田畈，江水湖水还能灌溉，依旧得了个丰收年。

高湖、低湖如此一对调，减了诸暨两年的皇粮，百姓生活得到了改善。刘知县为民所想、为民所急的民本理念，以及过人的才智，在民间传播开来。直到现在，在诸暨老人的口中，还流传着两句话：“高湖落在水中央，低湖出在高山上。”

五泄脚桶潭

五泄风景区有个圆形水潭，直径一丈左右，潭水清澈幽深，潭边堆叠着一圈山石，人们根据其形状，叫它“脚桶潭”，这里曾发生过一桩离奇的爱情故事。

很多年以前，诸暨十四都村有个男孩，名叫朱三，十六七岁，自幼丧父，是母亲一手把他抚养长大的。日子一天天过去，朱三变成了像模像样的后生。男大当婚，母亲想给朱三说媒找媳妇，但是朱三总是不满意。

这天，朱三带着冷饭蒲包，来到五泄山上摘粽叶。脚桶潭不远处有株大树，午后，朱三靠着树干眯起了眼睛。迷迷糊糊间，忽觉有阵凉风吹来，隐约听到微微的水声。朱三睁开眼睛看水潭，看到了一个梳着刘海和乌黑长辫、穿着红肚兜的姑娘。姑娘如画的五官，白玉似的后背，毫无保留地展示出来。阳光斑驳，潭水闪亮，美人如仙，朱三哪见过这场景啊，惊得目瞪口呆，大气都不敢喘一口，姑娘也发现了他，赶紧双手紧抱胸，脸孔火辣辣地烧得通红。

姑娘是五泄山山神的小女儿，名叫紫婴。这些年来，紫婴跟着父亲巡山，经常与劳作的朱三相遇，只不过紫婴一直隐着身。她曾亲眼看见朱三赤手空拳打死一头小山豹，也曾看见朱三从鹰爪下救下一只小雉鸡。朱三勇敢、善良、勤劳，紫婴心中一直暗暗喜欢他，却苦于无法表白。今天露了真身，既然该看的不该看的，全让人家看了，还遮遮掩掩干什么呢？紫婴抬起头，甜甜地喊了一声："小阿哥。"见姑娘不逃不躲，没骂没责怪，反而亲热地叫自己，朱三倒有些不好意思了，坐到靠近潭边的石头上，微笑着点了头。聊了一会后，彼此的陌生感和拘束感，渐渐消散了。心仪的男女在一起，有着聊不完的话题，其间，朱三还穿插几句轻松的诨话，逗得紫婴咯咯笑个不停。

几天后，有人来给紫婴做媒，男方是勾嵊山山神的儿子，是个游手好闲、不务正业的主。父亲经不住媒人的花言巧语，答应了八月半办喜事。想到这，紫婴的心像坠了一块石头，泪水也涌了出来。“自古神人可通婚，织女大姐能嫁牛郎，我为什么不能私奔呢？”紫婴一抹眼泪，对朱三说道：“八月十二未时，来水潭边接我吧，紫婴跟小阿哥回家拜堂！”

眼看结婚日子临近，紫婴向母亲吐露了自己喜欢朱三这件事。五泄山山神得知后，拍桌摔凳大发脾气，这朱三虽好，但他是人类啊！他一定要阻止他们在一起，于是，山神不顾紫婴的反抗和挣扎，强行把她关进了石室。这石室有三面石墙一面石门，门上凿有通气孔。祖上曾定下规矩，若孩子淘气、大人犯错，就要在石室蹲上几天，以示惩罚。紫婴哪受得了这委屈啊，发疯似的往外冲，砰！额头重重地撞在了石门上。过了好一会，家人发现门脚流出了血，打开石门一看，紫婴手脚冰冷，已没有半点气息。山神悔恨交加，仰天大喊，双拳不停地敲打自己的胸膛。山母满脸泪横流，紧紧抱着紫婴，说什么也不肯放手。

喜事不办办丧事，紫婴换上了新嫁衣，静静地躺在了石板上。奇怪的是，到了第二天，尸体依然是软软的，没有发僵发硬。山神知道，紫婴的魂魄没有上天，一直在身边萦绕，她不想这样走，要与朱三见上最后一面。

山神派手下守山犬去了草塔街，准备买一些香烛纸钱。他在街上遇到了一个与紫婴一模一样的人正在寻找家人，原来这是山神当年在人间欠下的风流债，这人正是紫婴同父异母的姐姐！别看守山犬生得尖嘴猴腮，脑子却很活络。看着面前的“紫婴”，守山犬拍了一下脑袋，灵光骤现，一个大胆的设想产生了。

他让姑娘在客栈住下，回去禀报了山神这件事，紫婴已经死于非命，夫人已悲痛欲绝，如果这时知道丈夫有私生女，后院起火，那还了得？见山神冷汗直冒，守山犬说出了自己的打算：明天是八月十二，刚才我路过朱三家门口，看到的是张灯结彩、宾客满堂的婚庆场面。朱三独钟紫婴，别人无法替代，倘若明天不见紫婴面，说不定又要搭上一条人命。紫婴的魂魄还在，只有一条路可走，那就是“借人还魂”。山神无奈，同意了这个办法。

这天半夜前后，四周寂静无声。守山犬戴着白帽，穿着白衣白裤，手持招魂幡，围着紫婴的尸体，顺三圈又倒三圈，转毕拱手鞠躬，寒寒地喊道：“紫婴，明天你要做新娘，朱三等着你，跟我走吧。”说来也神奇，紫婴的尸身立马变得僵硬了。魂魄跟着守山犬走走停停，到了客栈，守山犬把招魂幡一横，指着东首的房间，说道："紫婴，里面是你的姐姐，此时她睡得正熟。你不是要与朱三结百年之好吗？就借姐姐的身子去还魂吧。"一阵阴风就地旋了几圈，倏地钻进了门缝。

第二天中午，醒来后的姑娘已经是"紫婴"了，顾不得吃饭填肚，她赶紧梳洗打扮，对着青铜镜前照后照，然后急匆匆直奔五泄山。朱三早就等着了，翘首盼望心上人。终于，在山路转弯处，响起了悠悠的叫喊声："小阿哥……"

"紫婴"身穿大红新娘衣，脸颊飘着两朵红云，像山脚初熟的野果，又像山腰含苞的芍药。朱三三步并作两步地迎了上去，边跑边喊道："紫婴……"

脚桶潭边，一对有情人紧紧相拥，久久没分开。山下传来了锣鼓声，朱三拉着"紫婴"的手，缓缓走下了山。

天桃摸桃潭

摸桃潭位于岭北镇的一个村子里，因其潭底有一块大石头特别像桃子而得名。关于它的来历，当地流传着一个孝子奉母的故事。

唐朝长庆年间，岭北镇岘北周住着一对母子。儿子叫周家七，十六七岁年纪，因父亲过世早，母亲又体弱，他年纪轻轻就挑起了全家的重担。平日里，他会下地种庄稼，也会上山打青柴。夏天，他给母亲打扇；冬天，他给母亲捂脚，是有名的孝子。

母亲身体不好，周家七就带着母亲搬到了一个小石潭旁的山坳里，这附近没有人家，空气清新，环境宜人，住了一段时间后，母亲气顺了、咳嗽少了，精神也比以前好了许多。周家七常去石潭钓鱼，给母亲烧鱼汤，也去山上挖灵芝草，给母亲调养身体。

某天，周家七听人说，枫连山最高的那个山峰顶有天桃，吃了能祛病健身、延年益寿。他决定前往给母亲找天桃。这天周家七起了一个大早，脚布往腰里一缚，钩刀一别，与母亲说了一声，就出了门。山道盘旋弯曲，好些地方已被芦柴、荆棘封住，周家七只好用钩刀横砍着前行，但手上脚上还是被划出了一道道血痕。绕过很多小道，翻过几个山冈，忽见前面有一个岩洞，岩洞那边是宽阔的大路，一直通向山顶。山顶彩云飘忽，并有晃动的人影。

周家七觉得带着钩刀过去不太好，便把钩刀往路边岩石上一放走上前去，只见有两个上了年纪的老人，一个白发一个黑脸，对坐在棋盘石两边下棋，周家七很感兴趣，就站在一旁看了足足一个时辰。突然白发老头说"肚子饿了，拿点东西出来吃吃吧"，黑脸老汉嘿嘿一笑，从背着的布袋里摸出三个桃子，两人一人一个，还有一个给了周家七。

这时，周家七才想起，自己是来摘天桃的，可峰顶全是岩石，不要说桃树，就是青草也没有一株。黑脸老汉拿出的桃子红艳艳、粉嫩嫩，有小碗口般大，散发着阵阵清香。周家七想，看来，这就是天桃了，母亲吃了就能百病全消了。

于是赶紧转身下山，穿过岩洞，眼前的树啊路啊，完全不是来时的模样，周家七怔怔地站着，感到很陌生。路边的岩石还在，但钩刀却找不到了，不知是被谁顺手牵羊拿走。回头一看，竟全是乱石堆，岩洞也不见了，老人和彩云更是没了影子。周家七心里惦记着母亲，也不多想，继续走自己的路。走到了一个石潭边，他蹲下洗桃子，不料手一松，桃子掉落水中，慢慢地沉了下去。周家七急了，纵身跳进潭中捞桃子。奇怪的是，钻到水里一摸，桃子像一条滑滑的鱼，没法拿住。爬上来一看，桃子在潭底一动不动，还一闪闪地泛着红光。下去又上来，上来再下去，周家七一连摸了三次，每次都空手而归。摸不起桃子的周家七呆呆地坐在河边。

一个牧牛的孩子牵着牛走过来，绕过石潭往山上走去。周家七记着岩石上的钩刀，问小孩看见没有。小孩好奇地盯着周家七，过了好一会儿，才摇起了头。他还告诉周家七一件事，听村里的老人说，好多年前，一个叫作周家七的后生，去枫连山上摘天桃，一直没有回来。他娘急得要命，喊来了亲戚满山全找遍了也没见他踪影，只找到那把钩刀。那天，枫连山顶飘来了祥云，还有一条白云铺成的天路。有人猜测，周家七上天做了神仙。

牧童一番话，听得周家七云里雾里。俗话说，仙界一日人间千年。难道刚才下棋的两位老人是神仙？难道自己进入了天庭？如此说来，母亲早已过世，周家七喉咙一紧，不由得流出了两行眼泪。这天桃，看来只能在坟前供奉了。周家七对牧牛小孩说："我就是周家七，如果下潭不能生还，就把我葬在母亲的旁边吧，我会保佑这一带风调雨顺、人畜兴旺、五谷丰收。”

说完周家七又一次跳下了潭。突然，潭底红光四射，桃子变成了桃形大石头。周家七两腿盘坐，双手合十，面含笑容，如菩萨状浮出水面。牧牛小孩吓得赶紧跑回了家，告诉父母这件事。

周家七如愿下葬不久，人们在村口建起了一座小庙。如逢天旱，或者疾疫瘟病传染流行，只要前去庙里烧香祭拜就可，有求必应，十分灵验。如今，人们去岭北镇游玩，总要到摸桃潭去看一看，有人则用潭水洗桃子，希望将孝敬父母长辈的好风气带回来。

水灯浦阳江

三江口村是个有着数千年历史的古村落，位于诸暨店口镇，由于浦阳江、枫桥江、湄池江三条江汇合于此，故而得名三江口。与三江口村传承千年的古老历史相

映成趣的是该村传承千年的民俗活动“三江口水灯节”。而这水灯节之所以闻名，与三江口的百姓放水灯礼送西施的动人传说有关。

相传 2000 年前，诸暨美女西施在国难当头之际，忍辱负重，以身救国，与郑旦一起被越王勾践献给吴王夫差，由越入吴时，走的就是三江口这条水道。当时，西施由范蠡监护送入吴，到达三江口，因此处是浣江水和东西浦阳江水交汇处，水流十分湍急，意外频发，又赶上天色已晚，西施和范蠡看着湍急的水流暗暗发愁。三江口的百姓听说了西施要去吴国的事，都被她的勇气折服，听说要经过三江口，大家都很担心西施的安危，于是族长鸣锣唤起了村民，让大家用灯笼火把照明，在两岸送别这位为国赴吴的勇敢的美女。

江边数千百姓闻讯赶来，皆举火把站立于江岸，为西施一行照明。放眼望去，江岸灯火通明，光影摇曳，江两岸人影重叠交错。看到这么多人因担心自己的安危前来送行，西施感动不已，掩面哭泣，范蠡看到这么多百姓，也感慨万分，就下令缓行致意百姓，但两岸百姓还以为是三江口涡旋急流天黑难行才放慢了行船的速度，便纷纷将火把插在沿江两岸，又用江边沙滩蚌壳盛油，做成水灯，顺流下放，为船队照明，借着水灯祈求河神保佑西施、范蠡前途光明。

霎那间，千千万万的水灯进入了江面，到处都闪烁着点点昏黄色的光亮，天空的颜色和江面的颜色融为一体，仿佛宇宙中的浩瀚银河，又像是漫天星火。西施乘船北去时，村民又点燃稻草，投于江面。燃着的成堆稻草，随船而去，以礼送西施。

从此相沿成习，每逢农历七月十五，夜幕降临，三江口的村民都要制作水灯，携灯点烛，放于水面，任其游弋，场面十分壮观。摇曳在三江口上的水灯，虽飘逸雅致、隽永工巧，却承载千年历史的厚重，记录着古越国人的心愿和希冀，刻录着一份浓浓的爱国情怀。

农历七月十五对于三江口的人来说，其重要性不亚于春节。鸣礼炮、做祭祀、演戏剧、放水灯，这些都成了三江口必不可少的庆典环节。夜幕低沉，潮水渐退，碧水涟涟的三江口上，摇曳的波光水影，映衬着点点水灯，勾勒出一道跨越千年、充满梦幻色彩的亮丽风景线。美丽的水灯，是摇曳在三江口上的千年传奇……

善良玉女瀑

从前，在西岩山的半山腰住着一对夫妻，日子过得平淡又安稳。唯一的缺陷是他们成亲多年却无儿女，这让夫妻俩十分头疼。终于有一天，他们生下了一个白白嫩嫩的女儿，两人高兴万分，给女儿取名为玉女。

常言道，女大十八变。玉女一天天长大，却变得越来越黑、越来越丑，夫妻俩看着别人家媒婆上门提亲的人都快踏破门槛了，自家女儿却无人问津，心里暗暗着急。玉女自己呢，还是整日唱着山歌，帮父亲采摘山货，帮母亲料理家务，一点也不着急。

这天，天气很热，太阳高高地挂在天空，玉女照常来到一块岩石边取水，这里有个石缝因长年渗着水滴，玉女家每天吃的、用的水，都是靠这岩石缝的水。玉女拎着水桶正准备回家熬粥汤，忽见山道上来了一个砍柴佬。砍柴佬四五十岁的年纪，头戴尖角笠帽，腰缚脚布，脚着草鞋，手里拿着一把长柄钩刀，大概是山里活干得口渴了，他笑着问玉女：“小阿妹，能不能让我喝口水？”玉女低头看了看刚接的半桶水，短暂思索后把水桶递了过去。

砍柴佬是真的渴了，只见他把钩刀往腰上一别，一手握着水桶耳朵，一手托着水桶底，把头一仰，一连喝了六七口才停下来，抹了一下嘴。玉女以为他喝好了，刚想拿回水桶，谁知他换了一口气又继续喝。眼看只剩一点桶脚水了，砍柴佬还不肯歇，他把剩下的水全部倒在双脚上，凉快了发热的脚板和浸透了干燥发硬的草鞋。玉女眼睛都发直了，看着空空的水桶不知所措。

砍柴佬意识到自己喝光了人家的水，有点不好意思，便说：“我帮你重新接一桶回来吧。”玉女指着那条石缝告诉他，这半桶水是花了大半天的时间才接到的。砍柴佬一听这桶水是花了大半天时间接的，更愧疚了。他走近岩石，看到岩石上果真有一道缝，假如不仔细看的话，根本看不到有水渗出。

砍柴佬用手挪开石缝边上的长草，想看看出水口，谁料就这么一看，竟“啊”地喊出了声。原来，这砍柴佬是天上的神仙。他奉玉皇大帝的命令下凡来找天河漏洞的出口，飞过西岩山上方时，朝下一看，见此山气势非凡，时有灵光闪现。为看个明白，就降下仙云，化作当地砍柴佬的模样。

神仙挪开长草，看到岩壁上的三片深红色桃花瓣，不禁眼睛发直发亮。要知道，这花瓣是从王母娘娘的蟠桃园里飘出来，随风落到天河里的。不用说，这就是天河漏洞的出口。于是，神仙拿出腰上的钩刀，砍了一株小竹，削成一截竹棒，随手插进岩缝里，水一下子就不滴了。神仙完成了任务，玉女却急坏了，要知道玉女全家可都靠这石缝里的水生活，神仙就这么把缝堵上了，他们一家人以后怎么办！看到玉女着急的模样，神仙动了恻隐之心。他偷偷告诉玉女，以后要用水，只需把竹棒往外拔一点。如果水够了，竹棒要赶紧插回去。不管发生什么事情，这竹棒绝对不能全部拔出来。不然的话，冲出来的水就没法止住，你就要遭大祸了。

玉女按照神仙说的轻轻把竹棒往外拔了一点，果然水就汩汩地流了出来，一些些工夫水桶就满了。神仙看着玉女高兴的模样也很开心，他想起来自己女儿也是玉女这样的年纪，不过容貌却天差地别。神仙看了看玉女，对她说："为了报答你给我喝水，我可以实现你的一个愿望。"神仙原先想，玉女一定会许愿让自己变好看，没想到，玉女说道："家中二老年事已高，只愿他们身体健康，长福长寿。"神仙被玉女的孝心感动了，往岩石缝里吹了两口仙气。从此，不仅玉女一家再也不用为水犯愁，而且岩水得了仙气，成了仙水，爹吃了不痛腰，娘吃了不痛头。玉女用它来洗头，长满了青丝；用它来洗脸，隆起了鼻梁；用它来浴身，皮肤变得雪白粉嫩，吹弹可破，“炭囡”成了真正的玉女，媒人踏破了门槛，后生爬上了半山腰。

不久，天气大旱，玉女去山下的人家串门走亲。发现村前村后的稻田裂缝大得可以伸进手掌。爹说，如果再不下雨，稻田将颗粒无收，人们会被饿死。这天中午，太阳就像一个大火球在烧。玉女站在岩石下，低头看山下的溪坑，溪坑干得像一条巨大的鱼干；看田畈中的水塘，水塘干得像是被挖开的大坑。玉女还看到前几天刚出生的小毛头因母亲没有奶水而哇哇哭叫。村头八十多岁的阿顺爷爷，生了病因没有水煎药而奄奄一息。玉女转过身，看着岩缝中的竹棒若有所思。

经仙人点化，现在家里的水是要多少有多少，可以养鸡可以浇地，更高兴的是自己还因为这水变得漂亮，虽然仙人嘱咐自己不可以拔竹棒，可是别的人家呢？他们该怎么办？这水可以造福大家，不能只被自己一家独占。为了救山下的乡里乡亲男女老少，只好豁出去了。玉女伸出手紧紧地握住了竹棒，将其拔了出来。

山腰间，骤然弥漫起一道白雾，只见岩缝中顷刻喷出的泉瀑，咆哮着冲向山谷，冲向山口，冲进了溪坑和水塘。背后山上突然响起哗哗的水声，惊醒了死沉沉的人们，大家争相来到山脚下，忘情地呼喊着，大口大口地喝着水。喊够了喝足了，人们才抬起头仰望西岩山，只见顺着山势直挂而下的泉瀑击打着石崖，水花飞溅奔放热烈。阿顺爷爷颤巍巍地指着瀑布，惊喜地说：“这不是侧身站着的玉女吗，以后就叫她玉女瀑吧！”

玉女瀑就这么出世了，玉女把自己的身躯化作源源不断的瀑布水，流进稻田，为人们带来了五谷丰登的丰收年景；流进水塘，为山村营造了鱼跳虾跃的欢欣场面；流进家家户户，让姑娘们个个水灵灵美若天仙、老年人个个乐呵呵身体康健。

子胥浣沙溪

浣沙溪历史源远流长，春秋时期先是有西施浣纱，后又有伍子胥逃难此地衍生出一段故事。

春秋战国，有个叫伍子胥的人，他出

身名门，父亲是太子太傅，却因卷入政治纷争，一家受到牵连。他的父亲和哥哥被杀害，只有他一个人逃出来。当时陷害他们的奸臣怕他回来报复，便加大追捕力度，想要斩草除根。走投无路的伍子胥，误打误撞逃到浣沙溪。

这是一个不被世俗打扰的地方，景色优美，仿佛世外桃源。而伍子胥一路上风餐露宿，灰头土脸的，为了逃命几天几夜没合眼，和这世外桃源格格不入。伍子胥没有心思多想，好不容易到了有人烟的地方，只想先吃顿饱饭。抬头间，透过垂柳，不远处有个年轻村姑在淘米洗菜，于是上前讲明来意。那女子冷冷看了他一眼，拒绝了："我家中只有一位老母亲和小女一人，我立志终身不与男人交往，也不嫁人了，在家服侍母亲一辈子。你说，我怎么能做饭给过路的男人吃呢？你快走吧，别在这里啰嗦了。”

伍子胥听到村姑这样说，着急起来，咬咬牙，只好表露自己的身份，告诉她自己是楚国的伍子胥，父亲和兄弟被奸臣所害，自己逃出来后又被奸臣紧追不舍。现在还不能被抓住，将来还要为父兄报仇雪恨，报仇之后必有重谢。一番话之后，村姑很纠结，出于对伍子胥的敬佩和同情，还是帮助了他，给他做了饭。吃完饭，道别之际，只见身后一片尘土飞扬，想来追兵应该到了。见状，村姑又带他到隐秘的地方藏起来。

不一会，追兵到了，领头人隔着一段距离冲村姑问道：“那女子，你看到伍子胥逃到这个村里去了吗？”村姑镇定地摇头，答道：“无胥。”领头的又指指浣纱溪下游的一个村问道：“那个村庄，你看见伍子胥逃过去了吗？”村姑又摇摇头说：“无胥。”“唉！上也无胥，下也无胥，子胥究竟到哪里去了呢？”村姑指着小路说：“刚才我看见他从这条路走了。”追兵顺着她指点的路，吆五喝六地走了。

追兵走后，伍子胥再次向她感谢，然后朝着反方向走了。然而，这个年轻女子的平静生活却被打破了，因为她收留了外男，难免被人误会，村里好事者众多。但是仅凭她一张嘴也说不清楚，只好默默忍受。

后来，伍子胥成功报了仇，再次来到浣沙溪，打算当面感谢，并赠予她金环。这时，又有人闲言碎语：“她可享福了！”村姑见误会消除，重重地松了一口气，面色庄重道：“大人果真报了仇、雪了恨，我心里也蛮欢喜，可这对金环我死也不受的。”接着，她又长长地叹了一声说：“小女服侍老母，三十岁未嫁人，一直保持着贞洁，可是八九年前，却因私自为你做菜烧饭，偷偷地把你藏起来，到现在还被人讥笑，我还有什么脸面活在世上呢？"说着一头扎进了浣沙溪。

伍子胥感叹不已，马上把金环抛入浣沙溪，以表报答之心。说来奇怪，那对金环一直浮在水面上，迟迟不沉，随着溪水向下游漂去，向南拐了个弯，等伍子胥望不见了，才霍地沉了下去。

遇仙惆怅溪

惆怅溪是源自天姥山麓的一条小溪，流经班竹、桃源、央于等村，注入新昌江，溪北为 104 国道，溪侧多村庄，有古驿道。惆怅溪之名，出自古代刘晨、阮肇

采药遇仙的故事。

汉明帝永平五年，刘晨、阮肇结伴入天姥山采药。山上药材繁多，两人只顾埋头采药，没有注意时间，等到筋疲力尽不得不停下来时，发现天色已经黑了，腹中也是饥饿难忍。正好发现山上有桃子，随便摘了几个充饥，一口下去，汁水满溢，口感甚佳。吃了桃子之后，有了些许力气，两人继续沿着小溪走，取水的时候发现溪中竟然有胡麻饭屑。两人对视一眼，心中顿时松了口气，既然有胡麻饭，山上应该有人居住，于是加快了脚步，想早点找到地方投宿一晚。

快走到尽头时，两人看见不远处站着两位年轻女子，有倾国倾城之貌，双眸似水，十指纤纤，肤如凝脂，刘晨、阮肇不禁看呆了。更让他们手足无措的是，两位女子看见他们似乎非常欣喜，好像见到了老朋友，语气熟稔："刘、阮二郎，为何来晚也？"

随后，两位女子又邀请刘晨、阮肇到她们家中，表示愿意用酒席款待。看着眼前陌生却面善的女子，两人犹豫了一会便接受了。一进入居所，两人被眼前的富丽堂皇所吸引，屋内各处都有金银装饰。场面也相当热闹，还有婢女吹弦拉弹伴唱。两人在侍女引导下换上了干净的衣服之后，大家热热闹闹地吃喜酒。用完饭，几个侍女捧着桃子，笑着说："两位贵婿随我来。"

山中环境清幽，又有娇妻在侧，一眨眼，十几天就过去了。正值春季，山上生机勃勃，刘晨、阮肇有一天出门游玩，听到子规的叫声，想起了自己的家乡，想着好久没回家了，于是各自与妻子说打算下山探亲，妻子们却苦苦哀求他们再留一段时间。

又过了大半年，他们实在是忍不住了，这一回，妻子终于同意他们回家探望，并指点归途。和他们初来乍到一样，侍女吹乐送行，只是这回的音乐有些哀伤，缠绵悱恻，刘晨、阮肇回头看，发现各自的妻子正在不远处朝他们微笑，笑容带着些不舍。两人也没有多想，挥挥手，承诺几日后回来便离开了。

下了山，刘晨、阮肇苦寻旧址，只找到一口破旧石臼。问了旁边的小孩，小孩告诉他们几百年前，祖翁上山采药，在山中迷了路，再也没有回来，而现在已经是晋太元八年。原来已经过去了几百年，早已物是人非。刘晨、阮肇感慨了一番，打算回山上寻找妻子，找了许久，怎么也找不到回去的路了。两人回到半年前和妻子相遇的那条溪，不断徘徊，满心惆怅，那条溪也因此叫作惆怅溪。

刘晨、阮肇遇仙的故事带有神话色彩，对仙女们的描述活灵活现，故事成为许多文人的创作题材，七律《咏刘阮遇仙故事》就是一位后人的有感而发。

晓月残星隐翠柯，桃花掩映笑娇娥。

花帘雾绕仙人洞，石室风传百鸟歌。

好梦乍惊天色白，春宵还忆影婆娑。

刘郎去后无音讯，遥看山风舞碧萝。

仙女天烛湖

天烛湖位于十里潜溪的天烛岭脚。20世纪初，在天烛岭脚的蚱蜢头山和孝天龙山的峡谷里，建造了长73米、高26米的水库大坝，将山涧小溪之水汇成一个湖

泊，也就是天烛湖。

得天独厚的自然景观使得大批游客慕名而来。湖畔的五指山上，有“天烛湖”三个大字，这是浙江省书法协会名誉主席郭仲选所题。泛舟其间，入眼就是碧波荡漾的湖水和峥嵘险峻的石林，使人不得不感叹大自然的鬼斧神工。

说到天烛湖的由来，还与仙佛山前的那一对“巨烛”有些渊源。相传很久以前，有个家境贫寒的小伙子，他和母亲相依为命，为人非常孝顺。母亲常年卧病在床，需要大量药材续命，可是家里没什么钱。实在没办法，小伙子只好上山采药。当时有个地方被称为“魔鬼森林”，村子里的人对那里噤若寒蝉，经过的时候都远远避开。小伙子在森林外围绕了很久，找不到母亲需要的药材，但想到抚育他长大成人的母亲被病痛折磨，便咬咬牙，踏进了魔鬼森林。刚伸了一只脚进去，登时天昏地暗，飞沙走石，还伴随着一阵阵鬼哭狼嚎，他看情况不对，转身就要跑。这时，无数的树根藤蔓从四面八方涌过来，将他的去路堵得严严实实。眼看就要被抓住，一只圆润的、泛着金光的大手通过重重阻碍一把将他拉了出来。在一声凄厉的喊声中，眼前的一切都恢复了原样。

这件事传到了天庭，引起了仙女如烟的兴趣，她带着一对天烛偷偷下凡，在天烛湖畔和小伙子相遇。清澈的水，秀丽的景，俊秀的人，如烟的心怦怦直跳。她决定在这里先留一段时间，一眨眼就在天烛湖留了大半年，顺利地和小伙子相爱，举行了婚礼。不巧，婚礼举行到一半，玉帝发现如烟私自下凡，还和凡人谈婚论嫁，于是震怒，要将她捉拿问罪。

孙悟空在旁边看着热闹，一看事情变得严重，一棍子下去，就把前来捉拿如烟的天兵天将打得落花流水。玉帝得知后，虽然生气，但也没办法，知道孙悟空老是不按常理出牌，之前大闹天宫的事情还历历在目。玉帝一股气憋肚子里，上不去下不来，也不肯就这么罢休，便去找佛祖诉苦。佛祖拈花一笑，道："一切姻缘并不都是天注定的，小孩子的事，我们做大人的不必太计较。"玉帝还是有些放不下，看着湖畔的天烛，不知道说什么好。佛祖又笑着说道："既然木已成舟，何苦拆散？当务之急，是和人界处理好关系，不应当为琐事而伤了两界的和气。"玉帝当下幡然醒悟，欣然作罢。

当晚，佛祖亲自为小伙子和如烟主持婚礼，看到佛祖，如烟隐约觉得有些熟悉，又说不出来在哪里见过。而如烟仙界的朋友也纷纷下凡来祝贺，一时间，天烛湖上空一片热闹。天亮之后，又归于平静。

驱石万马渡

万马渡横跨天台县和新昌县，位于天姥山和天台山两座雄伟名山之间，有时会出现一条涓涓细流，有时甚至连细流也不一定看得见。在这两座名山的映衬下，万

马渡的气势也丝毫不能小觑。

真正令人拍案叫绝的是万马渡的巨石，大的大过普通房屋，连小的也有数百斤。更让人惊叹的是巨石的颜色并不单一，大小形状也千奇百怪，这些巨石不规则地错落在溪中，又好像是成群结队，给人视觉上无限的震撼。

在专家考察发现这是第四纪冰川遗迹之前，这里一直流传着仙人赶石的传说。

相传，八仙中的吕洞宾、张果老、何仙姑各自下凡清修，被秀丽雄伟的天姥山吸引，纷纷在此地落脚。不经意间三位仙人相遇，难得遇上一趟，心里难免高兴，三位仙人在酣畅淋漓的谈论之际，打算找点事做，也好积点善缘，便于日后修行。于是他们定了如下安排：吕洞宾在天台石梁修桥，何仙姑在天台国清筑塔，张果老则在东海围海造地。这三件事对于法力高深的神仙来说并不算什么难事，于是他们又约定时限就在当晚鸡鸣天晓之前。商定好之后，三位仙人相视一笑，算作告别，各自飞往目的地。

率先到目的地的是吕洞宾，他到达天台石梁，发现瀑布之下、水潭之上，有两条龙在嬉戏。当即眼疾手快，抓住两条龙舌，并在一起，掏出一根绣花针一穿而过。只见金光一闪，桥便成了。吕洞宾对着桥左看右看，也挑不出什么瑕疵，觉得自己简直太聪明了，坐在桥上得意了一会儿，发现时间才过半。他也是个顽皮的神仙，闲来无事，便学起鸡叫。

在这个时候，何仙姑赶到天台国清搜集完筑塔所需要的石块，召集附近村落的年轻人施工。她让青年们先建造塔身，为了不让人看到神迹，自己前往五里外的金鸡岭建造塔头，造完正准备将塔头塔身合二为一的时候，听到了鸡叫，只好离去。而张果老大显身手，连夜点石为马，驱赶大批石马去东海建筑海堤。经过天姥山和天台山时，他也听到了那声鸡叫，无奈作罢。这些石马失了法力，落地成石，阴差阳错造成了这一奇观。

“五六里，至鲍家浪。溪涧中有黑石，乱堆里许，如豕负涂、如羊跪乳、如犊牴牾、如众驹蹂躏，又如熟睡者、如摩痒者、如埋头匿足者、如意想象，无一不肖，是曰仙人赶石。”清代齐周华在《台岳天台山游记》中对万马渡的景色做了如此描述。

李白到此地游玩被这壮观景色所震撼，也曾感叹“列缺霹雳，丘峦崩摧”。千军万马般的气势，扑面而来，虽未亲身体验，却仿佛身临其境。

据说，在雨季，尤其是下大暴雨时，水流冲击石头，会发出万马奔腾般的巨响，而万马渡也因此得名。

蛟龙芝棠湖

芝棠湖也叫芝塘湖，三面环山，上承夏履江之西江，下通西小江。明代时期为缓解夏履江、西小江水患而建。芝棠湖周边人烟稠密，遍布着大大小小的古村落。有许多游客慕名而来，茶楼、休闲亭、钓鱼台也逐渐出现。

这里数百年前淳朴的民风延续至今，当地居民坚持祖宗流传下来的规矩，勤勤恳恳地劳作。同时，保留下来的还有芝棠湖的传说。

从前越王峥下，有个叫芝棠的少年，无父无母，靠给地主家放牛为生。芝棠过着贫苦的生活，却保持着乐观的心态，他在乐律方面有着惊人天赋，箫吹得特别好。他没什么朋友，有了心事便通过吹箫诉说。他开心的时候，箫声悠扬，田里劳作的农民听了，会暂时忘记疲劳，更有干劲；街上吵架的人听了也被感染，侧耳倾听，平静下来之后握手言和。

芝棠在箫的陪伴下越长越大，他的吹箫技术也越发精湛。有一年村子闹灾荒，庄稼长不成，田里颗粒无收，人们的日子越来越不好过。芝棠看在眼里、急在心里，可是也没有办法。

一日，他像往常一样，坐在山坡上吹箫，箫声哀怨凄凉，饱含着担忧和悲伤。这时，一个老头不知从哪冒了出来，问道："为什么你的箫声如此悲凉，我听了好几天，也哭了好几天，眼泪都快流干了。"

芝棠就把这段时间的灾荒和老头说了，老头叹了口气道："其实也不是没有办法，就是需要毅力和耐心。"说着又摇了摇头，准备离开。芝棠连忙叫住他，坚定地说自己不怕苦，只要可以缓解灾情，什么都愿意做。老头定定地看了他一眼，告诉他这山坡下有条蛟龙，沉睡了一万年，唤醒它就能把这变成湖。可以用箫声试试，吹满七七四十九天，蛟龙或许愿意出来，但是芝棠的命不一定保得住，说着又从背后拿出一个金元宝送给芝棠。芝棠坚定地摇头，说道："金元宝只能帮我一个人，帮不了那些百姓，我不能一人享福，置他们于不顾。我会吹满七七四十九天，唤醒蛟龙，把这变成湖泊，让庄稼重新长起来。”老头满意地点点头，告诉他最重要的一件事，到最后一天，蛟龙会翻身，龙角会露出地面。他要找到龙角，往上面砍上三刀，就成了，而芝棠的结局也可想而知。说完这些，老头就不见了。

芝棠理清思路，决定照做。他整日整夜坐在山坡上吹箫，饿了就抓把泥土，渴了就舔舔唇上的血，一刻也不敢停，他的箫声感动了乌云、感动了草木。到了第四十九天，他已经眼冒金星，在他快要撑不住的时候，龙角从山坡上冒了出来。芝棠拿起小刀，往上奋力砍了三下，只听到一声龙吟，一条蛟龙翻身而出。

刹那间，翻天覆地，飞沙走石，蛟龙腾空而去，芝棠也不知所踪。村民被这惊天动地的声响吸引过来，发现原先的山坡变成了大湖，有了水，越来越多的村民活了下来。为了纪念芝棠，这个大湖被命名为“芝棠湖”。

彩锦变锦湖

绍兴偏门外山脚边，住着一个叫陈义的年轻人。陈义是个勤勤恳恳的农民，他在自己的农田种了许多瓜果蔬粮。本盼着一年丰收之际，却不幸遇上大旱天气，接连几十天没下雨。渐渐地庄稼基本枯死，广袤的田间从原来的郁绿葱茏瞬间变得一片衰颓。

一天，陈义正为来年生计发愁，山上来了一位老人。只见他步履蹒跚地向自己走来，看上去十分吃力。陈义赶紧迎上前去询问：“老人家，看您腿脚不便，怎么往山上来呢？”老人抬起头，望着年轻人缓缓开口：“我不小心在附近迷了路，感到体力不支，来讨点水喝。”陈义恍然，看着饥渴难耐的老人，决心帮助老人家找水喝。寻顾四周，无奈附近并无居民，更无商贩售水。陈义无法，失落地回到自己的田间。突然他发现一抹青绿藏匿在枯枝败叶间，显得尤为显眼。原来是一支黄瓜，陈义见了这支黄瓜，就一把把它摘下，双手托着送到老人面前说：“老公公，你就吃了这根黄瓜吧，只要把籽还给我就好了。”

老人望着陈义，却不接黄瓜，笑道：“我见你的庄稼都枯了，最近收成一定不好，还是算了吧。"见年轻人一脸茫然，老人告诉他："见你心地善良，我不吃这瓜了。告诉你，这根黄瓜是个宝钥匙。你只要顺着上山的台阶数，数到九九八十一块石板上，用它连敲三下，山门就会开，里面有许多东西可任你挑选。"

说完，老人不见了。陈义知道自己是碰见了神仙，高兴极了。

第二天天蒙蒙亮，像鱼刚翻了白肚皮，他便按照老人告诉他的办法，果然上山找到了第八十一块石板。他急忙捧起黄瓜"笃笃笃"敲了三下。猛然间轰隆一声，山门开了。陈义走进山内，只见四周金碧辉煌，遍地金银珠宝，熠熠生辉。远处，金桂红枫之中，隐露一洞府，奇石傍洞，青苔如毡，花香袭人，别有一番天地。忽然，清风送来一阵悦耳的歌声，他循声前往。

原来，里面是一个偌大的花厅。厅内陈设精美，有七七四十九个衣裙飘逸的仙女，正在用五色云彩精工巧绣一幅数十丈长的彩锦。她们一个个风格迥异，却无一不散发着独特的气质。锦面光滑，湖光如镜，碧波粼粼，游鱼欢跳，湖边林荫交蔽，田园村舍，炊烟袅袅，景色迷人。陈义觉得美妙极了，仿佛漫步于世外桃源。

陈义眼望这层层的彩锦，禁不住赞叹起："多好的彩锦，多美的湖水啊！"一会儿，仙女们姗姗离去，却走出一位老人，但见他精神矍铄，慈祥地对陈义说："年轻人，认得我吗？"陈义仔细一瞧，这不是昨天要水喝的老人吗？于是连声说："认得！认得！"老人道："看你喜欢这幅彩锦，就送给你吧！"说完，一挥手，彩锦自动徐徐卷拢。老人把它交给陈义时，又说："今后如果地头缺水，你只要拿这彩锦抖上三抖，就会有水落下了。"陈义捧过彩锦，正要拜谢老人，霎那间，耳边一阵风声，他已经回到家门口了。陈义急忙拿着彩锦，到地头抖了三抖，果然，土地都湿润了。

他想，现在天旱地干，颗粒无收。如果大伙田里都有了水，这该多好啊！于是索性跑到山上，不断地抖动起彩锦来。忽然，一阵山风吹来，顿时尘土飞扬。陈义的眼睛也睁不开了。他刚去揉眼睛，彩锦就随风飘了起来，飘呀，飘呀，彩锦越飘越长。陈义睁开眼睛一看，顿时怔住了。原来，彩锦落下的地方，已成为一个波光粼粼的湖了。

因为湖是彩锦所变，所以这里的景色也就特别美。大家就高兴地把这湖称作"锦湖"。久而久之，因"锦"字与"镜"字同音，后人或称其"镜"湖，或称其"鉴湖"，而把它的真名忘却了。

王子猷剡溪

剡溪为浙江省绍兴市嵊州境内主要河流，由南来的澄潭江和西来的长乐江汇流而成。

澄潭江俗称“南江”，因江底坡度较

大，水势湍急，也称“雄江”；长乐江又叫“西江”，江底较平，水流缓和，称为“雌江”。洪水来时，两江泄合之后，中间夹有一条细长的银色带状水流，把雌雄两水隔开，南面浑浊而浪涌，北面清亮而波平，形成一江两流，中嵌银带，直到远处才融成一片，堪称奇观。剡溪至上虞与曹娥江相接，夹岸青山，溪水逶迤，历史上早有“剡溪九曲”胜景。沿溪古迹迭续，历代众多诗人学士或居或游，留下了无数咏剡名篇及趣闻逸事。而其中王子猷雪夜访戴的故事，颇具盛名。

王徽之，字子猷，琅琊临沂（今山东省临沂市）人。少时聪明过人，有经史过目不忘之传说，学业早成，满腹经纶，才高八斗，吟诗作赋，出口成章。

山阴的一个午夜，大雪纷飞，万籁俱寂，远山近水皆披上了银装，月色与雪色交相辉映，天地一派寂然，只余风声呼啸。当王子猷从睡梦中醒来，打开窗户向外远眺，见到的便是这样一番美景。现在的人们见到美景，第一反应可能是拍照留念。可是王子猷是古人，而且是一个有才气的古人，当下便心荡神驰，兴致盎然。于是他叫来仆人，斟上上好的佳酿，又命他们将点心、小菜错落有致地摆了一小桌。

好山好水，好酒好菜，仆人们打着哈欠回到了屋子里，只余下王子猷一人，缓慢踱步，他慢步徘徊着，吟咏着左思的《招隐诗》，好一幅山水诗画。忽然间，他想到了好友戴逵。戴逵是东晋著名的美术家、音乐家，终生不仕，“性高洁，常以礼度自处，深以放达为非道”。而这或许也是他与王子猷成为知交好友的原因。

当时戴逵居住地远在曹娥江上游的剡县，现在我们只要一两个小时就可在两地往返，然而王子猷却需要一整夜。我们可以想象，这一夜，月明星稀，王子猷趁兴而去，派仆人寻了一叶小舟，披星戴月，在船夫手中的欸乃声里，向着剡县而去。他顺着银丝带，绕过九曲十八弯，遍赏沿岸景色，山静水清，人影二三，我想这途中他一定有些奇思妙想，不足为外人道。

直到晨光熹微，他才堪堪到了戴逵的家门前。终于到了，接下来应该是好友相见，泪眼汪汪的感人之景了吧？但是王子猷只是静静凝望着戴逵的家门，一会儿便转身离去。想必船夫必定心存疑惑，忍不住在与朋友的交谈中提及此事，于是在他们的谈天说地之中，事情渐渐传了出去。终于有人按捺不住好奇心，问王子猷：“你为什么连夜赶到戴逵的家门口又不去见他呢？”王子猷淡淡一笑，说：“我本来是乘着兴致前往，兴致已尽，自然返回，为何一定要见到戴逵呢？”后来戴逵听闻这件事，也一笑，说：“徽之不被常礼束缚，随兴随情，真是我的知心好友啊。”

不论是夜起饮酒吟诗，还是“乘兴而去，乘兴而返”，常人难解，然而这就是王子猷的“魏晋之风”，由此也可见其直率坦荡，性格洒脱。剡溪也因此而更加声名远播。

抛钱西小江

刘宠是齐悼惠王刘肥之孙牟平侯刘渫的后代。刘渫受封为牟平侯，他的子孙就成了牟平县人。刘宠的父亲刘丕，博览群书，被人们称为“通儒”。刘宠年轻时随父亲学习，因通晓经学被荐举为孝廉，被光禄署察举为“四行”，后授任东平陵县令，为政因仁爱惠民而受到吏民的爱戴。后因母亲患病，刘宠弃官回家。百姓送他离去，连道路也被堵塞，车子不能前进，他便穿着便服悄悄地离开。

刘宠主政之前的会稽，官员横征暴敛，胡作非为，百姓不堪其扰，只得纷纷遁迹于深山老林之间，甚至到了“白首不入市井”的地步。刘宠主政后，废除那些烦琐的规章制度，禁止部属扰民等不法行为，郡中秩序井然，老百姓安居乐业。刘宠因为为官清廉，政绩卓著，被调往京城任职。

刘宠上京，途经会稽郡辖下的山阴县时，有五六个老翁，眉毛头发都发白了，从若耶山谷间出来，每人拿着一百文钱，要送给刘宠。

刘宠说：“各位父老何必这样呢？”老翁们回答

说："山谷里人，没有见过郡守。别的太守在任时，官吏到民间搜求财物，白天黑夜不断，有时狗叫通宵，百姓不得安宁。自从您到任以来，夜里听不见狗的叫声，我们年老了，难得逢此太平盛世，现在，听说您要离开我们而去，因此，我们特意来奉送。"刘宠听罢，十分感动："父老们如此过奖，我实在惭愧。大家的心意我领受了，这钱我不能收，还是请带回去吧！"

可是，这几个老翁执意赠送，情真意切；刘宠不收，他们不肯离去。真是"盛情难却"！刘宠无奈，只得从每人手里拿了一文钱收下，老人们这才称谢作别。

他将出山阴县界至西小江时，将钱投入江中而去。这钱，在刘宠看来已经不是钱了，而是百姓们的心。全部收下，显然有违他做人为官的原则；一概不收，又盛情难却，也有违他的爱民之心。刘宠是个聪明人，他只象征性地取“一钱”，表示不“却”民之“盛情”。然而，“一钱”也是钱。带走，也有违于他为官“两袖清风，一尘不染”的准则，所以，随后又投之江中，归还会稽郡。

刘宠在“盛情难却”之下的明智之举，获得了千古美名。后来，史志家范晔将此记入《后汉书·循吏传》，奉为楷模。

后人传说，这段江水自从刘宠投钱后，更为清澈了。后人遂将西小江改名为“钱清江”（在今绍兴市境内），建碑于江边，上书“会稽太守刘宠投钱处”，碑旁建“一钱亭”，又在钱清设立“一钱太守庙”为之纪念。

如今，浙江绍兴市北面的钱清镇，据说就是当年刘宠投钱入江的地方。“一钱太守”的美名自此传开。

余粮禹溪水

嵊州县城北十里左右有座小山，名叫余粮山，又名了山。从前树木葱茏，山花烂漫，风景秀丽。怪得很，山里有不少像抛梁馒头那么大的石块，外壳圆滚滚，亮锃锃，内有黄色细末如蒲黄，当地人喊它“石馒头”，也有人叫它“禹余粮”。连李时珍编写的《本草纲目》里也有明文记载：它味甘性寒，可治骨节酸疼、四肢不仁、痔瘘等病。这座山上为啥会产这种药材呢？

相传，在古老的禅让时代，洪水泛滥，田园被淹，到处浊浪滔天，百姓苦不堪言。舜皇封夏禹为司空，委以治水的重任。夏禹接受了其父鲧治水失败的教训，根据地势高低，改用疏导宣泄的方法，果然大见成效！

有一次，夏禹到了剡地，因刚下暴雨不久，弯弯曲曲的剡溪浊浪排空，波涛汹涌，自西而东，流向县城，接着就往北直冲，但由于被嵊大山迎头挡住，无法奔泻，水位越涨越高。不仅剡溪两岸田庄受淹，不少人畜也葬身于鱼腹。

夏禹乘船仔细察看之后，决定劈开大山的一角，以便将洪水导入舜江（即今曹娥江）。当地百姓听了奔走相告，青壮年纷纷主动前去劈山挑土，夜以继日地干了起来。夏禹也以身作则，和大家一起忙这忙那。

有天晚上，夏禹夫人涂山氏盛了满满一篮馒头，送去给夏禹当点心。她朝工地走去，来到了八里洋村边那座山上，猛听得“轰隆”一声巨响，借着朦胧的月光，她望见对面的山冈里，有只似象非象、似牛非牛的庞然怪兽，用它又粗又长的鼻头在拱山。那怪兽威力无穷，忽听“轰隆”一响，山又倒下一角，涂山氏见状大惊：“啊！”差点跌倒在地——手中的篮子就骨碌碌滚到山下去了。

其实，这怪兽正是夏禹的化身呢！他听见妻子尖叫，知道发生了误会，连忙恢复原形跑来打招呼。

但当他俩找到篮子时，里面只剩下四五只馒头了。涂山氏还要再寻，可夏禹笑笑说："算了吧！我已够饱了，还有那些馒头谁捡着就给谁，就算是我的余粮吧！"

不久，那个山冈就被打通了，将汪洋的积水引入舜江，直注杭州湾。从此，这里露出了一片平展展的土地，人们可以种植庄稼、放牧牛羊了。

此后，了山上就有许多馒头形的石团子，当地人晓得这是夏禹的余粮变的，就叫它"禹余粮"，也有人叫"禹粮石"。山名也改作"余粮山"。涂山氏掉下篮子的那条岭就叫"余粮岭"。所以，这里的小溪，又称"了溪"；这里的村庄，也称为"了村"，后改作"禹溪"，人们还特地造了座宏大、庄严的"禹王庙"来纪念夏禹。

相约小舜江

会稽一带，水软山温，郁郁葱葱。在这青山绿水间，躺着一条小舜江。小舜江江面不阔，也不长，很平常的一条江，但她有自己的特别之处。上游的水底是一些鹅卵石，也会有大的石块，哗啦啦的细流让小舜江看上去更像是一条山间小溪。但是，小舜江延伸到汤浦镇，江面就变得宽阔了，水也深了。江底的鹅卵石和大石块都变成了细软的黄沙。这个时候如果你来看小舜江，就会发现她的委婉温柔，清清的水流像碧玉一般，静静地流向东北方向，与浙江的第三大江曹娥江汇合。

大热天过去，天渐渐凉了，小舜江水面也开始上涨。

这天早上天还未亮，大木顺和伙计们就开始搬货，将各种好酒、酱油等货物都往船上装。等到镇上开始热闹了，大木顺的船已经装好，也就开船了。这是苦夏过后的第一票生意，油水一定很足。船乘风破浪前行，大木顺精神十足地站在船板上，船夫们齐心协力，船行得顺利。突然后面的一艘船加速往前冲，大木顺正想让船夫们靠江边行，就听得一声大喝“不许靠岸”，他循声往后看去，不看不知道，一看吓一跳，后面那艘船船头上写了个大大的“彪”字。

这是彪七爷的船，彪七爷此人为日本人卖命，手里带枪，专门抢劫货船，在这之前已经弄出了好几桩案子。

大木顺知道这次恐怕是逃不掉了，于是他主动开口：“不知道各位有什么要紧事？我这船上的货还急着变现呢！”正是刚才吼出一嗓子的那个彪七爷的手下阿二，阴阳怪气地说：“我们爷说了，都在一条江上做买卖，大家应当有福同享。我们爷现在你们大家是知道的，江面上的好处你们自然要给，不多，七爷说了他只要六成。”大木顺气得脸涨得通红：“你们这是抢劫，还有王法吗？我做我的生意，凭什么白给人家好处。”这彪七爷的手下一听就要拔枪：“不识抬举的东西，兄弟们，去让他见识见识！”一下子船上来了很多土匪，大木顺被阿二和另一个土匪控制住了，船上一片狼藉。混乱之中，一个跟了大木顺十几年的船夫被开枪打死了，大木顺又气又哀，嗓子眼里堵了一口血。

船又继续往前开到汤浦靠了岸停下，土匪都下船了，大木顺被他们押到岸边的关帝庙里，已经被打得不成人样了。

傍晚的汤浦镇上飘起袅袅炊烟，街上没什么人，饭菜的香气从弄堂里溢出来，飘向江面。小镇笼罩了一层薄薄的雾气，平静而安谧。江边倒有些热闹，秋虫吱吱地叫，像在吟唱一首小夜曲，几盏渔火在江面上闪烁。关帝庙那边传来枪声，土匪与山上的一支部队杠上了。

枪声渐渐没了。土匪们已经被部队打垮，正在缴械投降。这支得胜的部队是绍兴的抗日自卫队。他们听说汤浦镇被土匪骚扰，于是就偷偷地过来打击。除了匪船、几个土匪逃遁外，大多数土匪被擒，或当场被枪毙，或是落入江中。

大木顺也从关帝庙出来了，看到土匪们乱七八糟地倒着，地上大滩大滩的血，他心里觉得麻麻的，不自觉的，就用手去捂自己的胸口。大木顺打从心底恨这些土匪，觉得这是他们的命里应得的报应。

另一边，彪七爷听说自己的几个得力干将没了，也来到了汤浦江边。此时大木顺的老婆和其他家人也赶来了。彪七爷找到他们，一脸横肉，咬牙切齿地对大木顺说："七爷我本来只想要点钱财，可你不识好歹，害死我那么多兄弟，今天你就陪我那些兄弟一起走吧。"

“砰”，大木顺眼睛发直，身体往后仰，掉入江里，他老婆哭天喊地想去拉他，彪七爷顺势又是一脚，大木顺老婆在江面挣扎了几下就和大木顺一起随江水漂去。

江野苍茫，流水无声。上好的一条小舜江，今天却成了大木顺的葬身之地。从此，再无与小舜江相约的大木顺了。

良善天兴潭

天兴潭四周悬崖壁立，刀壁斧削，终年水雾缭绕，险峻无比。水潭上窄而下广，形状酷似一悬钟，半藏崖中，内有一石门槛相隔，将潭一分为二。此处冬暖夏凉，是嵊州的一处避暑胜地。这么深的潭是怎么出现的呢？

从前，在剡县南山脚下，住着户人家，只有兄弟俩。嫂嫂心狠，哥哥手辣，爹娘死了还不满一年，就要跟十二岁的弟弟分家。弟弟没办法，只得点点头。其实分家全由哥哥说了算，他自己得了五亩好田，给弟弟的是三分葬狗勿会出毛的瘦地。

瘦小的弟弟起早摸黑地干了一年，收不到一斗粮；哥哥秋收后，甏甏满、仓仓满。过年了，弟弟屋里断了粮，向哥嫂去借。嫂嫂骂他是晦气鬼，哥哥把他赶出门。还不如上下乡村的穷哥们，从牙缝里熬下点，半升、一升地周济给他。

早春的一天，弟弟饿得肚皮叫、眼发花。他想：再也不能到穷哥们那里去借了。他只得捂着肚皮，倒在床上。朦胧中，有个白胡须老爷爷走到床前，对他说：“小弟弟，这颗种子给你，明天就可下种。”说后，人就不见了。弟弟一惊，猛地醒来，果然手里捏着颗豆大的种子。奇怪的是，他的肚子也不像刚才那样饿得难受了。

第二天早上，弟弟捧着种子，到三分瘦地下种。先是开地、掘孔，再是小心翼翼地放下种子，最后是盖土、浇水。第三天，种子长出了嫩绿的幼苗。从此，他天天在地里侍候，除草、施肥、浇水，精心培育。

过了七天七夜，这棵作物的杆长得有两人合抱那样粗，叶子比荷叶还要大，绿荫丛中结着个葫芦样的果实。一天，他正仰望黄澄澄的葫芦果，内心不住地感谢白胡须老爷爷，忽然，葫芦果“噗”地掉了下来。这棵作物呢，很快缩小，一眨眼不见了。小弟弟不急于去捡葫芦果，而是先去刨起原先的种子。原来，它又变成和先前一样的种子了。待他捡起葫芦果，揭开葫芦盖一看，里面全是珍珠般的白米。弟弟连忙跑回家去，倒在米甏里。霎时米甏满了，可葫芦里的米却不见少去。弟弟高兴极了。他连忙捧着宝葫芦，给穷哥们家家户户送米去。

“宝葫芦”的事，很快被哥哥知道了。他忙跑进弟弟那又矮又暗的茅屋里，阿弟长、阿弟短地赔上许多好话，硬要弟弟把种子借给他种一种。善良的弟弟不计旧怨，就将这颗种子借给了他。

为了遮人耳目，哥哥特意将这颗种子种在深山里。三天后，幼苗长出来了。送种子的白胡须老爷爷知道了种子落在贪心人手里，便将手一挥，一颗巨星闪电般落了下来，撞击在深山里。把正围着幼苗转的哥嫂俩，撞成了粉末，还在山岙里撞出一个十来亩大、深不见底的坑，后来渐渐积满了水，变成了一个潭。因为这个潭是天上的星星撞成的，人们就叫它“天星潭”。因“星”与“兴”发音相近，后来，就被人讹称成了“天兴潭”。

西施古钱池

钱池在浙江省诸暨市江藻镇，相传只要背对池水，将硬币放在右手，然后从左肩往后扔进水池里，诚恳地说出愿望，愿望便可成真。

秋天的暮色中，血红的晚霞在渐渐地消退，吴越两国敌我双方不再死死地对峙，步兵骑兵等早已退到了主战场外，吴越两国的旗帜尚依稀可见。一鼓作气，再而衰，三而竭，吴越两国争霸，民不聊生，最后以越国惨败告终。

胜者为王，败者为寇。越王勾践岂能甘心作为一个失败者，岂能甘心退出国家之间的争霸呢？为形势所逼，他最终选择暂栖于吴王夫差膝下，以伪善老实之面貌来骗取吴王的信任。待他回到越国之后，便开始接受范蠡献上的复国三计。其中最值得一提的，便是第三计——选美女送给吴王夫差，以美色误吴国，作为复国的内应。

当时，有一个浣纱的女子，生于浙江诸暨苎萝村，名"夷光"，人称"西施"，天生丽质，五官端正，粉面桃花，相貌过人。她在江边浣纱时，清澈的江水映照她俊俏的身影，使她显得更加美丽，当鱼儿看见她的倒影，便会忘记游水嬉戏，随后渐渐地沉到江底，因此西施便有了“沉鱼”这个代称。她的美貌流传甚广，在国难当头之际，西施忍辱负重，以身许国，与郑旦一起被献给吴王夫差。

乘舟北上，途经钱池，乡民欲一睹西施风采，驾舟横拦江中。此时有一渔翁出面求情献策，欲见西施者投钱一枚。转眼工夫，船舱已满。范蠡指着村口大池塘道：“掷钱于此！”不料大池塘又被钱填满。范蠡赞叹曰：“壮哉钱池，民不惜钱，必不畏死，民情可知，民心可用矣！”

到达吴国之后，西施凭她倾国倾城之貌和高超的琴棋歌舞技艺，致使吴王夫差日日深宫醉不醒，沉迷酒色，不理朝政。于是，在她的内应下，越王勾践卧薪尝胆，三千越甲可吞吴，不负苦心人，终于灭吴复国。

今树起钱池碑，纪念此事。

英台玉水河

“上虞县，祝家庄，玉水河边；有一个，祝英台，才貌双全……”这是一段越剧台词，说确切一点，是1953年春，著名越剧演员袁雪芬、范瑞娟、傅全香主演

的《梁山伯与祝英台》戏中的第一句唱词。上虞祝家庄位于玉水河畔，该河长40里，故又称“四十里河”。这就是环境清幽的祝英台故乡。

梁山伯与祝英台的故事是中国古老的传说，千百年来，这个凄婉动人的爱情故事一直脍炙人口，并被西方人称为“东方的罗密欧与朱丽叶”。

过了晌午时分，小船进入上虞境内，不多时，又从一条河叉拐了进去。这里两岸山壁，多挂瀑带，向前展望，略见白云远树，浮漾在楔形阔处的空中。幽静、清新的感觉，自然而然地向人袭来。艄公祝阿三说：“这就是玉水河。”发源于浙东四明山的玉水河，经由余姚到上虞祝家庄玉水河口汇流入曹娥江。

这段玉水河虽也从山中来，却较平坦宽阔。深处蓝中带黑，浅处清澈如水晶，静水幽山记叙着祝英台女扮男装出门求学的行程和乡亲们无尽的想念。

这里关于祝英台的传说甚多。据传，自英台“临家哀恸，地裂而埋山伯墓”后，这地方的人凡生下女儿，必抱至梁山伯庙拜一拜，避免再发生祝英台那样的爱情悲剧。然而，乡亲们对英台仍充满着敬意和怀念。

就说庄前的玉水河吧，有的说，英台小时候经常到河里洗手洗脸，河水就像玉一样的碧净了，所以叫作玉水河；又说，英台舟赴杭城读书时，不小心将一块传世宝玉掉到了河里，这河水就像玉一样细滑了……这许多传言，一个目的就是在这条普通的河流上冠以一个“玉”字，就是为了怀念一千七百年前为自由恋爱而献身的这位英台姑娘。

庄上有位 87 岁高龄的老翁，叫祝阿根。老人说，相传当年英台被迫远嫁余姚县马家村马氏之子马文才时，是穿着白衣白裙而行的。两岸的乡亲都非常同情她，纷纷赶来踏岸相送。舟过丰惠通明关，遇见第一座青山，她便步出船舱立于船头，见瀑流出两峰间，如悬布崩雪，如风中絮，如群鹤舞，便对着山间的瀑布拜了又拜，乡亲们知道她是一位清白如水的好姑娘，后来大家称此瀑为“清白瀑”。又向东行了 28 里，见前面清道山上长川悬流，雷滚电闪般的白练直泻河中，其势好比项羽破章邯似的。顿时舟不得进。英台见状上岸，即由一双黄蝶引至梁山伯的新冢。由此，出现英台“临冢哀恸，地裂而埋山伯墓”的悲惨结局。

祝英台之死可以看成一个文化仪式，这个仪式的出现，充分说明一种文化记忆被唤醒是何等惊心动魄的事情，但它所显现的文化价值，又是那么具有宏大感、朦胧感和苍凉感。

因为有了民间这个动人的传说，人们才会相信这才是梁山伯与祝英台生命的最后巢穴。后来，乡亲们便称这段江为“梁祝江”。

谢安闻两湖

绍兴自古以来就是一块风水宝地，俗话说“好山好水养好人”，绍兴也不例外。人人皆知绍兴先有“卧薪尝胆”的越王勾践、机敏有才的范蠡，后有博学多思的黄

宗羲、“俯首甘为孺子牛”的鲁迅。除此之外，谢安也与绍兴上虞有剪不断的渊源。

青年时代，谢安经常在会稽东山游览山水，吟诗谈文。他在当时的士大夫阶层中名望很高，大家都认为他是个挺有才干的人。但是他宁愿隐居在东山，在美景之中逍遥自在地吟诗作对，也不愿出山做官。后来国家遭遇危难，他才重出山林，为国效力。这就是“东山再起”的由来。

说到他年轻时隐居的地方——东山，有谢憩上堡、下堡两村，因谢安游玩至此小憩得名，村名至今未变。谢憩过北，有两个自然湖，一个叫“谢憩湖”，另一个叫“康家湖”，属古鉴湖水系。传说，这两个湖是谢安最爱喜游的地方。

谢憩湖与康家湖大小差不多，紧紧相连在一起，但两者风貌截然不同。

东边的湖，岸头像珊瑚状弯弯曲曲，构成许多奇形怪状的河溇，据说有99个溇。传说，当年谢安冲着这奇妙的湖形，常邀好友于此休闲游玩。一次，他相约伙伴泛舟，“这湖的形状如此奇特，说不定其中有许多奇异之处未曾发觉，今日我们便去探个究竟”。于是他们乘着小船划啊划啊，湖水清澈，湖两边景色绮丽，他和他的朋友们情不自禁地沉醉其中。小船漂漂荡荡，不知不觉中进入了一个极少有人敢进的长溇里，此处难以辨认方位，到晚上二更时分才摸黑而出。

此时他的朋友们都已经疲惫不堪，他却还兴致勃勃，信口扬言道：“我们半夜里辗转来到此处，要不就叫这个溇‘半夜溇’吧。”而这个湖因谢安来此处游玩，被后人称作“谢憩湖”。

西边的湖因淤泥积聚，湖中心有许多大小不一的土墩，人们叫它“悬涂”（岛屿），谢安喜称这是湖中桌台，所以他每到东边的湖游玩后，又喜欢去西边的悬涂上野炊聚餐。这湖碧波浩淼，湖中错落有致地散落着大大小小的土墩，土墩上绿树成荫、芳草萋萋，如碧玉洒在湖中。湖南面青山如屏，北面则沃野千里，湖面波澜不兴，四周有河网相通，既是水运的黄金通道，又是观光的极佳胜地。相传谢安到了朝廷任职后，仍怀念此景，特地将自己四十大寿寿宴设在此湖上，让好友赏景品酒，其乐无穷。皇上明察此事，就把这西边的湖赐予他，祝他健康长乐，又赐湖名为“康乐湖”，后慢慢地被人讹称为“康家湖”。

康家湖是长塘最大的淡水湖，东西长，南北短，水域面积 20 万平方米，是灌溉周围农田的天然水库。如今的康家湖是长塘镇一颗璀璨的明珠，它以迷人的湖光山色、丰富绿色的水产和传奇的名字由来而令人神往。

谢憩湖与康家湖，碧波粼粼，若你有空来此泛舟，或许还能感受谢安当年的风采。

孝心曹娥江

绍兴流淌着一条宽广的曹娥江，因孝女曹娥的名字而闻名古今。

相传在那一条宽广的江中，住着一位江神，古时人们为了祈求江神不要因发怒涨水而淹没田地和房屋，便在每一年的五月初五都会备好猪、牛、羊三牲等物品去祭拜它。祭典仪式十分盛大，百姓们当日都要斋戒，非常庄重严肃地伏地跪拜、祭祀江神。有一年的五月初五，又到了祭江神的日子，这一年，百姓们推举当地德高年长的曹盱做主祭。曹盱是一位术士，经常亲自划船到江中做一些唱歌迎神的工作，接到百姓们的邀请，自然是毫不犹豫地接受了。

到了那一天，江边人山人海，挤满了闻讯而来的百姓，等待着曹盱“请来江神”，然后祭拜它。曹盱的女儿曹娥也在江边安静地等待着，就像每一次父亲去江中唱歌请神时一样，她在等着父亲凯旋，然后与他一起回家。江面平静而无风，于是在万众瞩目中，曹盱划着一只小船，从舜江逆流而上去迎接江神。没想到天有不测风云，江面上突然起了风浪，小船被一个大浪打翻，就像一片落叶一样，随即被江水吞没，曹盱也就随之跌入江水之中。曹娥看到父亲落江，一边悲痛欲绝地喊着父亲，一边沿江不停地寻找着父亲。

起初还有人帮助曹娥打捞她的父亲，可是，一天、两天、三天过去了，打捞的人们都已经放弃了希望，回家了。只有曹娥仍在江边日夜不停地寻找着、呼唤着，她紧紧抓住每一丝可能，希望能够寻找到父亲。她的哭声几乎传遍了整条大江。可是连续几天，始终没有找到父亲的踪迹，父亲依然生死未卜。

曹娥哭干了眼泪，不吃饭也不睡觉，每天日夜守在岸边苦苦寻找，人们都非常同情她，纷纷来劝她要保重身体，曹娥告诉大家："除非找到父亲，否则绝不放弃。"在江边连续寻找、守候了十几个昼夜后，曹娥知道这样下去是不可能找到父亲的，她无计可施，只好将希望寄托在虚无缥缈的魂灵手中。于是她将自己的衣裳抛到江水之中，然后双膝跪在岸边，对着江水说：“父亲，如果您在天有灵，就成全女儿的孝心，让这衣裳在您所在的位置沉下去吧！”说也奇怪，她抛出的衣裳随着江水漂流了一段距离后，在一个地方打了几个转儿，就沉了下去。

曹娥见状赶紧循着衣裳沉下去的地方，纵身跳了下去。五天后，江面变得异常平静，有人隐隐约约看见下游的江面上浮着两具尸体，近前一看，原来是曹娥背着她的父亲，浮出了水面。虽然父女俩都没有了气息，身体已经冰凉了，但是，曹娥还是紧紧背着父亲，一点也没有放松。

在场的人们见此都流下了眼泪，都说是曹娥至诚的孝心感动了江神，才让她在水下找回父亲的尸体，并把他们送上水面。当地的县官得知后，也被曹娥的孝心和壮举深深感动，下令将他们父女好好埋葬，并且立了一块碑，将孝女曹娥的事迹记录下来，供人们瞻仰、怀念。

曹娥的故事流传至今，她的孝心、坚持与跳水救父的勇气，至今为人们所称道。这条江也被人们称为“曹娥江”流传至今。

李俊之建塘

东汉马臻的鉴湖围堤工程完成之后，来自会稽山区的山洪受到拦蓄，灌溉有了保证，有力地促进了鉴湖地区经济、文化的发展，这为后人大规模地开垦鉴湖堤北

的大片沼泽平原打下了坚实的基础。

这片沼泽平原大小河流的南部都与鉴湖相近，如果打通了就可以为鉴湖输送淡水资源实行灌溉。但这中间还有一只“拦路虎”，那就是与河流北端相连的后海，后海之中的潮汐每日两度灌入这些河流。“每当夏秋之交，海潮始大，必有疾风甚雨，越人谓之风潮”，这很大程度地影响了农田灌溉。因此，如果想要彻底改造这片沼泽平原，就必须将河道与后海的咸潮隔绝，那么只有在后海沿岸建筑海塘。

但是建筑海塘谈何容易？自勾践起，就有人陆陆续续在后海沿岸建筑一些零星海塘，东汉马臻在主持鉴湖围堤工程时，也针对海塘做了一些工程，在湖区以北设置平原灌区的蓄排枢纽玉山斗门，就是在“去湖最远，去海最近，地势斗下，泄水最速”的玉山峡口建起了两洞的玉山斗门，从而承担起外防海浪、咸潮侵袭，当若耶溪等溪流山洪暴发，湖区面临水患时，又有内泄洪涝的职能，使之成为山会平原灌溉区的核心。但是长长的几百里，从海上卷上来的怒海狂澜往往使海塘倒毁崩塌，所以一直以来，始终没有隔绝咸潮对山会平原的侵袭。

唐玄宗开元十年，会稽县令李俊之主持修建会稽防海塘，他决心打败这只“拦路虎”。他思考良久，觉得这个工程最难的部分是需要坚持，因为工程量大，被建好的海塘也容易被来势凶猛的海潮摧毁，很容易陷入建了很久却一无所获的境地。他想清楚难点，然后秉持着一定要解决这个难题的决心，开启了修建防海塘的工程。此后数年，李俊之都带领着人们在修建海塘和修补海塘的工程中忙碌。皇天不负有心人，终于，一段东起上虞、北到山阴、全长百余里的海塘建成了。海塘大部分位于曹娥江沿岸，后来又被人们习惯性地称为“东江塘”。

东江塘建好之后，它给绍兴人民带来了许多福音，不仅扩大了山会平原不受潮汐影响的内河水系，还挡住了后海海潮对平原的侵袭，使人们可以更好地灌溉整个沼泽平原上的农田。辛勤的绍兴人民在此后一直不懈地开垦，整治河道网，排干沼泽，降低水位，冲水排咸，终于使原来那些芦苇丛生、盐花闪光、坑陷遍地的沼泽地得到改造，成为肥沃的良田，大大促进了山会平原农业生产的发展。

直到今天，当人们看到这一大片良田沃土时，仍然会想起当年主持修建东江塘的功臣——李俊之。